TSUKUBASHOBO-BOOKLET

暮らしのなかの食と農――54

ウナギ養殖業の歴史

増井好男

Masui Yoshio

筑波書房ブックレット

目　次

はじめに …………………………………………………………………… 5

1　ウナギの生活史とウナギの養殖 ……………………………………… 9
　（1）ウナギの生活史 ………………………………………………… 9
　（2）ウナギ養殖のプロセス ………………………………………… 13

2　明治期のウナギ養殖業―ウナギ養殖業の成立過程 ……………… 19
　（1）天然ウナギの漁獲量が多い …………………………………… 19
　（2）ウナギ養殖業のはじまり ……………………………………… 20

3　大正期のウナギ養殖業―ウナギ養殖業の確立過程 ……………… 23
　（1）養殖ウナギの生産量高まる …………………………………… 23
　（2）ウナギ養殖業の広がり ………………………………………… 24

4　昭和戦前期のウナギ養殖業―ウナギ養殖業の成長過程 ………… 26
　（1）ウナギ養殖業の分業システム ………………………………… 26
　（2）餌料供給圏の拡大 ……………………………………………… 28

5　昭和戦後期（1）のウナギ養殖業―ウナギ養殖業の復興過程
　…………………………………………………………………………… 30
　（1）撹水車の普及 …………………………………………………… 30
　（2）配合餌料の開発 ………………………………………………… 33

6　昭和戦後期（2）のウナギ養殖業―ウナギ養殖業の拡大期
　…………………………………………………………………………… 35
　（1）新興養殖産地の台頭 …………………………………………… 35
　（2）加温式ハウス利用の養殖 ……………………………………… 39

7 昭和戦後期（3）のウナギ養殖業―ウナギ養殖業の国際化過程
 ……………………………………………………………………………………43
　（1）台湾のウナギ養殖業 ………………………………………………43
　（2）中国のウナギ養殖業 ………………………………………………45

8 平成期のウナギ養殖業―ウナギ養殖業の縮小再編過程 ……………46
　（1）ウナギ輸入の増加と国内産地の対応 ……………………………46
　（2）国内産地の活路と方向 ……………………………………………51

まとめ―ウナギ養殖業の課題と展望 ………………………………………54

はじめに

　ニホンウナギ（*Anguilla japonica*）が平成25（2013）年2月に環境省によって絶滅危惧種（レッドリスト1B分類）に指定されました。国際自然保護連合（IUCN）でも絶滅危惧種の指定を検討していると報道されています。これより先、平成19（2007）年にはヨーロッパウナギ（*Anguilla anguilla*）が絶滅危惧種に指定され、ワシントン条約により輸出の規制が行われることとなりました。

　ヨーロッパウナギのシラスウナギ（稚魚）を輸出する原産国政府は輸出許可証を発行する必要があります。EU諸国では12cm以下のシラスウナギについて輸出を規制しヨーロッパの河川に放流することを義務づけました。それに加えて平成25（2013）年には放流の比率を3%から60%に引き上げるよう指示しました。

　このことによって、いままで中国に輸出されていたヨーロッパウナギのシラスウナギ（稚魚）の輸出はきびしく規制され、中国でのシラスウナギの入手が難しくなりました。中国でのウナギ養殖業が縮小すれば中国で養殖されてから日本へ輸出されるウナギの量も減少し、日本のウナギ供給量も縮小することになります。

　ウナギは日本人にとって奈良時代の昔から親しまれてきたなじみの深い魚です。「石麻呂に　吾物申す　夏痩せに　良しといふものぞ　武奈木とり食せ」「痩す痩すも　生きらばあらむを　はたやはた　武奈木をとると川に流るな」など大伴家持の歌によって知られ、奈良時代からウナギが夏の滋養食品として利用されてきたことが解ります。ウナギのビタミンAの含有量は畜産品や他の水産品に比較してきわめて高いことが大きな特徴です。他の栄養要素においても優れています。

ウナギ専門店のうな重

　土用丑の日になるとウナギの話題が必ず新聞やテレビのニュースとなって登場します。今年（2013年）もすでに5月ころから、夏にはウナギの値段が上がるかも知れないとテレビや新聞で報道されはじめています。コンビニエンストアーではウナギの「ちらし」を用意してなるべく早く予約をするよう宣伝しています。ウナギの値段が上がれば消費が減少するので、ウナギの値段も簡単に上げるわけにはゆかず、ウナギを扱う店ではどうしたものかと今から頭をかかえているものと思われます。

　土用丑の日にウナギを食べる習慣は江戸時代中期ころから始まったといわれていますが、今では土用丑の日を前にして台湾や中国から輸入されたウナギが成田空港に到着し、エアーアテンダントがウナギをつかむニュース写真もおなじみの光景となりました。

　今日では、私たちの食べるウナギのほとんどは養殖されたウナギです。しかも国内で生産されたウナギは少なくなり、台湾や中国で養殖され、輸入されたウナギが多くなりました。天然ウナギを食べさせる店もないことはありませんが、そのようなお店を探すのも大変となりました。また、そのようなお店を探したとしても、高価となりますから一般的には天然ウナギが食べられる機会はほとんどなくなったといったほうがよいかもしれません。数年に一度くらい天然ウナギを食べる会でも開いて懐かしむことになるのかもしれません。現代の若者は天然ウナギの味を知らず、養殖ウナギの味がほんもののウナギの味

と考えることになるだろうともいわれています。食文化の変化が心配です。

　ウナギ養殖業は現在でも天然のシラスウナギを採捕して養殖する、いわゆる「不完全養殖」の段階です。サケやニジマスのように人工的に卵をふ化させて種苗を育てて養殖できるものを「完全養殖」とよんでいますが、ウナギはようやく「完全養殖」ができるまでにいたりましたが、まだ実用化できる技術が確立していないのです。

　昭和48（1973）年に北海道大学でウナギの人工ふ化に世界で初めて成功していますが、ふ化してもどのような餌を与えて育てればよいのかが解らずすぐに死亡してしまいシラスウナギまでに育てられませんでした。研究者は長年にわたり試行錯誤をくりかえし、ふ化した種苗を育てるのに苦労してきました。いろいろな餌を与えて工夫し、ふ化した種苗の育つ日数が少しずつ長くなりようやく平成22（2010）年に人工ふ化した卵からシラスウナギまで育て、しかもシラスウナギから親となったウナギ（人工ふ化により育てた2代目の親）から卵を採取することに成功し、これを次世代のシラスウナギに育てる段階まで到達しました。いわゆる「完全養殖」の技術水準に到達したのです。

　しかしながら、まだウナギ養殖業に使用できる量産化の技術までに至っておりません。これからも試行錯誤の研究を続けウナギ養殖業のために実用化できる技術開発が必要です。

　最近になって、ニホンウナギの産卵場所が長年にわたる探索の結果、マリアナ海溝付近と特定されたうえ、産卵された卵が採取され、さらに産卵したと思われる親ウナギが採取されていますので、ウナギの生活史の解明に大きな前進となることでしょう。

　ウナギの生活史が解明されシラスウナギの大量生産が可能となり、経済的にもウナギ養殖業の事業化に成功すれば画期的な技術開発とな

ります。この日がいつになるのか、近い将来か、まだ先のことになるのか、いまのところ予測はできませんが、大きな期待が寄せられているところです。

　このような不思議な特質をもつウナギ養殖業の歴史をたどり、日本人になじみの深いウナギのことを考えてみようとするのが本書のねらいです。

　ウナギのことが話題となっても、養殖業の歴史を扱った本がほとんど見当たりませんので、本書でウナギ養殖業がどのようにして発展してきたのか、ウナギ養殖業の歴史をウナギへの愛着と感謝をこめて考えてみたいと思います。

　なお、資料1として「ウナギ養殖業の歴史年表」、資料2として明治32年以降平成24年までの「ウナギ漁獲量と養殖ウナギの生産量および養殖比率」を添付しております。これら資料をごらんのうえ、「ウナギ養殖業の歴史」をお考えいただければ幸いです。

1　ウナギの生活史とウナギの養殖

（1）ウナギの生活史

　もう半世紀以上も前にさかのぼることになりますが、私が子どもの頃にウナギはよく獲れました。ウナギ釣りは子どもたちの楽しみの一つでした。私たちの地方（静岡県）では、「流し針」とよんでいましたが、細い小さな竹竿に糸をくくりつけ、糸の先の針にドジョウを餌にして、夕方になると川にさしておき、翌朝早くその竿をあげるといくつかの竿にウナギが釣れているのです。

　その釣れたウナギをウナギ屋に持ってゆくと買ってもらえるので、子どもたちにとっては、早起きとこづかい稼ぎの一石二鳥となりました。毎晩かなりの数の竹竿を置いた記憶があります。餌のドジョウをとるのに毎日一生懸命でした。当時はドジョウも沢山いました。朝早くウナギの竿を上げに行くときにはカブトムシもいっぱい木に寄りついていて、ウナギ釣りのついでにカブトムシも沢山取りました。ウナギは春先から夏の終わりごろにかけてよく釣れました。

　また、夏になると大きなミミズを何匹もタコ糸に通してまるめ、竹竿の先に括りつけて夜間に蚊いぶしを焚いて蚊に刺されるのを防ぎながら数殊子（すずこ）釣りをよくやりました。竹竿を川に差し出して水につけるとウナギがくいついてググググッと竹竿に感触が伝わりますので、ウナギが離れて逃げないように竹竿を、静かにゆっくりと水の表面近くまであげて、しばらく様子を観察してからタイミングをみて、すばやく一気に箕の中に引き上げるのです。針もなにもありませんから、この引きあげるタイミングが熟練の技となるのです。初心者にはちょっと

むずかしい技ですから練習を重ねることが大切です。ベテランとの成績の差はかなり大きいものとなります。とくに大雨の降った時にはウナギの移動がはげしくよく獲れました。

　私たちがウナギ釣りをした川は、今では住宅団地に置き換えられて、河川も改修されてしまいましたので、ウナギはもうみることができません。河川の土手には桜が植えられて、桜並木が綺麗ではありますが、野性的な遊びの場は消えてしまいました。

　おそらく日本各地の川の岸辺はコンクリートで固められ、もはやウナギの生息できる川ではなくなってしまったのではないでしょうか。人間にとって護岸とみられる岸辺も、コンクリートで固められた河川では夜行性のウナギが隠れる場所もなくなり、ウナギの生息環境は大きく替えられてしまい、ウナギが育つのも生き残るのも難しい環境になってしまったのではないかと思われます。ウナギの通り道を作ってなんとかウナギの生息できる環境を保護しようとする修復の考え方もみられるようになりましたが、人間はウナギの生息できる環境を壊してきたといわざるをえません。

　ウナギはどのような生活をおくるのか、ウナギの生活史をみておきましょう（図1）。

　ウナギはニホンウナギ（*Anguilla japonica*）とヨーロッパウナギ（*Anguilla anguilla*）、アメリカウナギ（*Anguilla rostrata*）など、ウナギ属ウナギ目は19種（3亜種）が知られています。日本ではもちろんニホンウナギが生息し養殖されています。

　近年ではヨーロッパウナギも捕獲されることがあるようですから、生物多様性の見地から大きな問題となっています。養殖する為に輸入したヨーロッパウナギが池から逃げ出して日本の川に棲みついたようですから、生態観察を続ける必要があるでしょう。

図1　ウナギの生活史と養殖過程

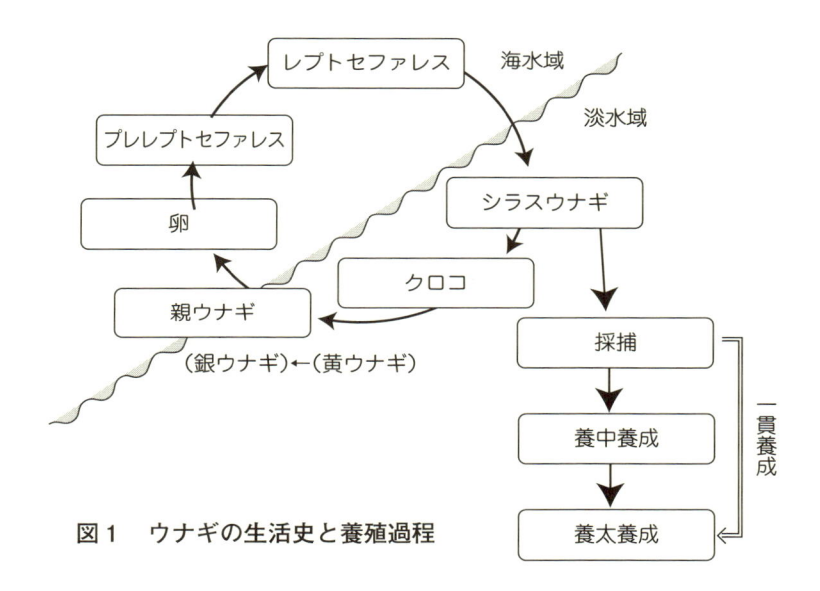

　ヨーロッパウナギとアメリカウナギの産卵場所は大正11（1922）年にデンマークのシュミット博士によって大西洋沖のサルガッソ海と特定されていましたが、ニホンウナギの産卵場所は特定されていませんでした。琉球説・フィリピン沖説などが論じられてきましたが、最近になって、太平洋沖のマリアナ海溝と特定されることとなりました。平成21（2009）年5月に西マリアナ海嶺南端部でニホンウナギの受精卵31個、親ウナギ7個体を採集、さらに、平成23（2011）年に受精卵147個体が採集されました。その一部がホルマリン標本として公開され、東京大学総合博物館で展示されました。私もそこで目にすることができました。

　この産卵されたウナギの個体はレプトセファレスとよばれ、海流にのって流され、中国、台湾、韓国、日本の沿岸域に近づくころには体長が5～6cmに成長しシラスウナギに変態します。さらにクロコと

なって河川にのぼり、エビ、カニ、小魚などを摂取して40〜50cmに成長して10年ほど川で生息し、成熟すると川を下り、再び海に出て産卵場所にたどり着き、産卵を終えたウナギは一生を終えるのです。

　ウナギは海で生まれて川で育ち、川を下って海で産卵するので降河性魚種とよばれます。ウナギとは逆に川で生まれて、海に下って育ち、川にのぼって産卵するサケは遡河性魚種とよばれています。

　ウナギの生活史の一部を人間が利用して養殖しているのが、現在のウナギ養殖業です。ウナギの生活史のすべてを人間が管理できる技術の進歩が待たれるところですが、先にのべましたようにウナギの産卵場所がようやく特定されたばかりです。ウナギの親魚が産卵した直後の卵が採捕されたことによって、ウナギがどのように産卵し、どのような環境で育ち、どのような餌を摂取して育っているのかを解明し、人工ふ化によるウナギの生育環境をさぐるうえで重要な発見といえましょう。

　不完全養殖の段階から完全養殖の段階に移行し、シラスウナギの量産化ができるようになれば、ウナギ養殖業にとって、稚魚の確保を確実なものとする大きな技術進歩となることでしょう。あと一歩のところまで来ているようですが、シラスウナギ確保の技術開発はウナギ養殖の大きな技術革新として期待されています。

　ただし、経営経済的な問題は残ります。シラスウナギの生産コストがいくらになるのかが重要な問題となります。このことは、人工ふ化によるシラスウナギの生産と天然によるシラスウナギの確保のどちらが経済的なのかの問題でもあります。自然生態系に基づいてシラスウナギが沢山獲れることが理想ともいえましょう。人工ふ化によるシラスウナギの確保は自然生態系を補完し支援するものとして位置づけるべきではないでしょうか。

（2）ウナギ養殖のプロセス

　ウナギ養殖のプロセスをみておきましょう。

　ウナギ養殖はシラスウナギの採捕から始まります。マリアナ海溝付近で生まれたウナギの卵は孵化してプレレプトセファレスとなり、やがてレプトセファレスに変態して黒潮海流に乗って12月～3月にシラスウナギとなって台湾、中国、韓国、日本の沿岸域に流れ着きます。

　日本ではシラスウナギの採捕は都道府県知事の許可漁業です。誰でも勝手にシラスウナギを獲ることはできません。採捕許可の条件は都道府県の漁業調整規則によって定められています。シラスウナギは養殖の種苗として利用するか、実験用に利用するためにしか許可されておりません。

　養殖業者は許可を受けた採捕業者から直接買入れるとともに、組合を通して買い入れることになっております。シラスウナギの不漁が続き大幅に不足しているため、シラスウナギの価格が高騰しシラスウナギの確保は厳しい問題となっております。

　シラスウナギの確保ができなければウナギ養殖ができないため、ウナギ養殖を休まなければなりませんから、価格が高騰しても無理をしてシラスウナギを買い入れようとします。シラスウナギの不足するもとではシラスウナギの獲得を巡る競争がますます激しくなり、価格はますますつりあがってしまいます。まさにウナギ登りの価格上昇が引き起こされています。

　平成24（2012）年は1kg当たり200万円を超える高さでした。かつてはシラスウナギを成品ウナギになるまで養成しないで養中と呼ばれる大きさまで養成して、養太養成業者に販売する中間養殖の形態がとられていましたが、今ではシラスウナギが大幅に不足して価格が高騰

ウナギの養殖池と餌場　　　　　水を抜いた状態のハウス養殖池の
　　　　　　　　　　　　　　　内部（ウナギを出荷後）

するので、シラスウナギから成品ウナギまで連続して養成する一貫養殖に移行しており、現在ではほとんどが、一貫養成の形態となっているといってよいと思います。

　ウナギの養殖は11月～4月にシラスウナギを買受人（集荷人）または組合から購入し、水温の変化に注意しながら元池（1～3a）に蓄養します。シラスウナギに餌付けをおこないながら給餌の量をウナギの成長にあわせて増加させてゆきます。

　その際にはウナギの摂餌の状況をよく観察し、ウナギの健康と生育状況を的確に把握することが重要となります。昔から「ウナギづくりは水づくり」といわれ、ウナギが順調に育つ環境をつくることが求められます。ウナギが餌を良く食べて順調に育てば餌の利用も効率的（これを餌料効率と読んで、養殖の成績を見る上での重要な要素です。増重倍率などともいわれます）となります。

　ウナギ問屋はウナギを見ただけで育ち具合を判断し、誰がどこの池で育てたウナギかを見分ける判定力をもっているともいわれます。かつてはシラスウナギの育ち具合を見て、「養ビリ」「養中」と呼ばれる大きさ（4～40g）になったウナギは一部を取り上げて養太養成業者

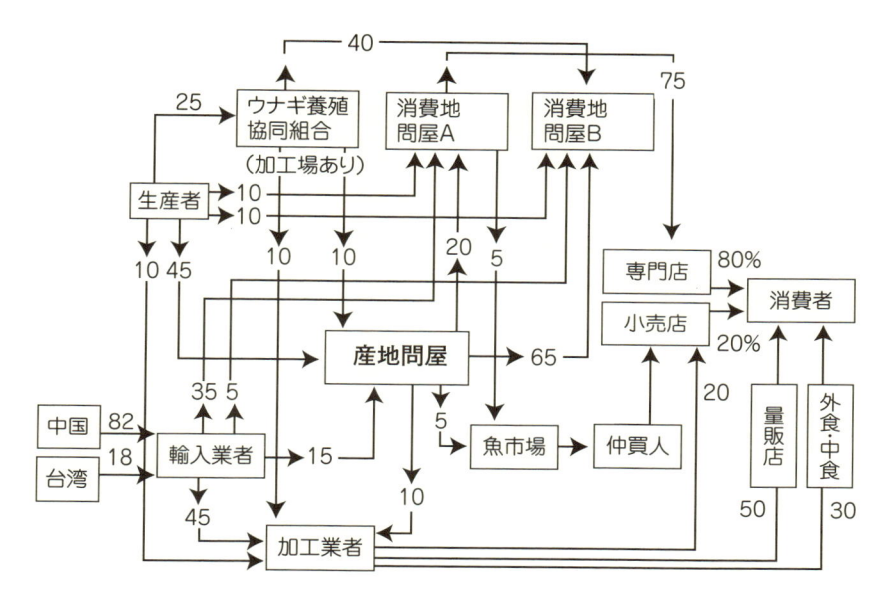

図2　ウナギの流通経路（2011年）

注：数値はヒヤリングによる推定値（％）

に販売するタイプが多かったのですが、現在では自ら成品ウナギにまで続けて養殖するタイプ（一貫養殖）が大部分となっています。

　かつては露地池で育て、成品ウナギまで育てるのに2年間もかかりました。今日では温室を利用したハウス養殖のため、早ければ6カ月で出荷できるようになっています。育ちの遅いものは1年以上かかるものもありますが、加温式ハウス養殖が導入されたことによって養殖の回転は速くなっています。

　成品ウナギの大きさ（150～250ｇ）に育てられたウナギは水揚げされ、規格に基づいて選別されます。成品ウナギは4尾で1kgのものを4pもの、5尾で1kgのものを5pもの、6尾で1kgになるものを6pものと呼んでいます。1尾250ｇ以上の大きさになるとボクとよ

び蒲焼用の肉としては固くなり適正サイズをこえたものとなります。1尾150〜200gのサイズが蒲焼としての適正サイズとされています。20kgずつ籠にいれて水（シャワー）をかけてウナギの餌を吐き出させ輸送に耐えられるように「活けしめ」をおこないます。「活けしめ」を終わったウナギは10kgずつにわけてビニール袋に氷と一緒に入れて、酸素を吸入します。輪ゴムで閉じて段ボール箱に詰めて収納し、出荷します。

ウナギの流通はおおよそ5つの経路に分けられます。①ウナギ養殖業者→養殖漁業協同組合→産地問屋→消費地問屋→ウナギ専門店→消費者、②ウナギ養殖業者→産地問屋→消費地問屋→ウナギ専門店→消費者、③ウナギ養殖業者→消費地問屋→ウナギ専門店→消費者、④ウナギ養殖業者→養殖漁業協同組合→産地卸売市場→消費地卸売市場→仲卸人→ウナギ専門店→消費者、⑤ウナギ養殖業者→養殖漁業協同組合→直売店→消費者などです。

スーパーマーケットなどでもウナギの販売が行われていますが、国産ウナギとともに輸入された加工ウナギが多くみられます。加工されたウナギを家庭でも温めるだけで気軽に食べることができるようになりました。

最近ではウナギ丼も売りだされ気軽にウナギが食べられるようになりました。牛丼で知られる吉野家のウナギ丼は平成25（2013）年に680円で売り出されています。コンビニエンスストアーでもウナギを売り出しております。

日本の養殖ウナギの生産量はここ数年、およそ2万トン程度で推移していますが、ウナギの価格が上昇しているため生産額は平成19（2007）年の316億円から平成22（2010）年の383億円、平成23年（2011）年は501億円と増加する傾向になっています。この数値はウナギの価格の

表1　鰻輸入量及び国内養殖生産量

(単位：トン)

年	中国				台湾				その他				輸入量			国内養殖生産量	国内天然漁獲量	総合計
	活鰻	加工	小計		活鰻	加工	小計		活鰻	加工	小計		活鰻	加工	小計			
平成15 2003	5,028	67,220 40,332	72,248		19,023	3,275 1,965	22,298		0	23 14	23		24,052	70,520 42,312	94,572	21,526	589	116,687
16 2004	10,205	73,320 43,992	83,525		16,383	7,942 4,765	24,325		13	-	13		26,601	81,263 48,758	107,864	21,540	489	129,893
17 2005	11,892	50,747 30,448	62,639		11,658	3,163 1,898	14,820		2	103 62	105		23,553	54,012 32,407	77,566	19,495	484	97,545
18 2006	11,687	56,918 34,151	68,605		8,546	2,233 1,340	10,779		2	0 0	2		20,236	59,150 35,490	79,386	20,583	302	100,271
19 2007	8,198	55,687 33,412	63,884		13,101	3,370 2,022	16,471		0	0 0	0		21,298	59,057 35,434	80,355	22,241	289	102,885
20 2008	9,506	24,635 14,781	34,141		6,374	3,401 2,040	9,775		7	0 0	7		15,887	28,036 16,821	43,923	20,952	270	65,145
21 2009	6,700	32,974 19,784	39,674		5,374	1,126 676	6,501		11	0 0	11		12,086	34,100 20,460	46,186	22,406	263	68,855
22 2010	6,009	35,331 21,198	41,340		8,828	2,900 1,740	11,728		4	0 0	4		14,841	38,231 22,938	53,072	20,543	245	73,860
23 2011	4,769	23,114 13,869	27,883		4,839	1,289 773	6,128		50	0 0	50		9,658	24,403 14,642	34,061	22,006	229	56,316
24 2012	3,183	14,696 8,818	17,879		1,373	224 147	1,617		122	43 26	165		4,678	14,983 8,990	19,661	17,377	169	37,207

資料：財務省貿易統計、農林水産省「漁業・養殖業生産統計年報」により日本養鰻漁業協同組合連合会が作成。
中国からの輸入量には、香港も含む
加工欄の上段は加工製品を活鰻換算した数量、下段は加工製品数量
加工品の活鰻換算は60％
四捨五入の関係で活鰻と加工の計と国別小計とは一致しません

変化によって変動します。台湾・中国からの輸入量は大きく減少しています。

中国からの輸入量は平成16（2004）年に8.3万トン（活ウナギ1.0万トン、加工ウナギ7.3万トン）でしたが、これ以後は減少に転じ、平成19（2007）年は6.3万トン（活ウナギ0.8万トン、加工ウナギ5.5万トン）、平成22（2010）年には4.1万トン（活ウナギ0.6万トン、加工ウナギ3.5万トン）、平成24（2012）年は1.7万トン（活きウナギ0.3万トン、加工ウナギ1.4万トン）となっています。台湾からの輸入量は平成16（2004）年に2.4万トン（活ウナギ1.6万トン、加工ウナギ0.8万トン）でしたが、平成20（2008）年には0.9万トン（活ウナギ0.6万トン、加工ウナギ0.3万トン）に減少し、さらに平成24（2012）年には0.1万トン（活ウナギ0.1万トン、加工ウナギはわずかに224トン）ときわめて少ない輸入量となりました。

台湾・中国からのウナギを輸入量が減少したことによって、日本のウナギ総供給量は平成16（2004）年の12.9万トンから平成20（2008）年には6.5万トン、平成24（2012）年には3.7万トンと大きく減少することとなりました（**表1**）。このまま推移すれば日本のウナギ供給量はどうなるのでしょうか。ちょうど、ウナギ養殖業が拡大する昭和40（1965）年代の水準に戻ったことになりますが、やはりウナギは日本人になじみの魚ですから、ウナギがいつまでも食べられるようにウナギの資源を保全し、持続的にウナギ養殖業が続けられるようにしてゆくことが大切なことではないでしょうか。そのためにも、ウナギ養殖業の歴史を知りウナギのことを考え、ウナギがいつまでも食べられるようにウナギの資源を大切に利用してゆくことが重要だと思います。

2 明治期のウナギ養殖業—ウナギ養殖業の成立過程

（1）天然ウナギの漁獲量が多い

　明治期の養殖ウナギの生産量はわずかずつ増加していますが、この時期にはまだ天然ウナギの漁獲量が多く、統計がとられた明治期の数値をみると天然ウナギの漁獲量は1,522トン～2,812トンと推移しています。

　これに対して養殖ウナギの生産量は22トン～555トンで養殖ウナギの生産量比率はわずかに0.8～16.9％となっております（図3）。この時期の天然ウナギの漁獲量が大きいことに注目しなければなりません。日本の各河川や湖沼にウナギが数多く生息し、ウナギが沢山育ってい

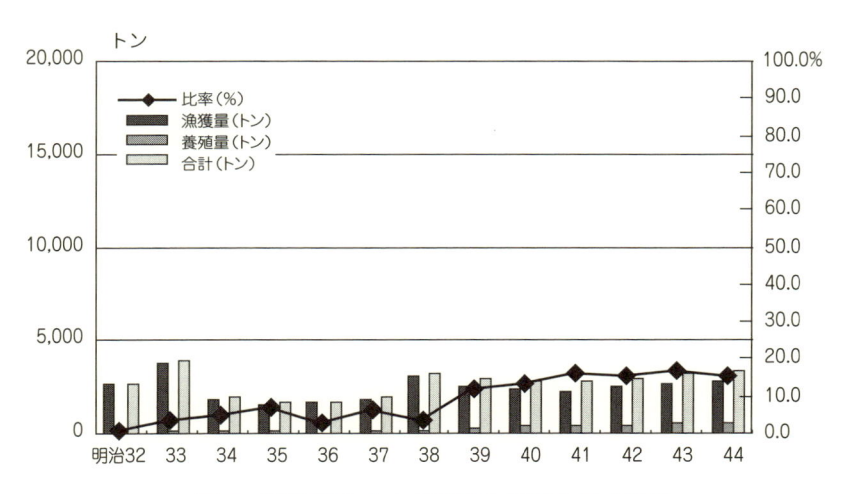

図3　明治期のウナギ養殖生産量とその比率

資料：農商務省統計表より作成。

たものと推察されます。

　この原点を今日のウナギ漁獲量低下の惨状と比較してみますとウナギの生息環境について考えさせられるのではないでしょうか。明治期におけるウナギ養殖地域はほとんどが浜名湖沿岸地域といってよいと思います。他には愛知県豊橋の神野新田、三重県木曽川下流地域でもウナギ養殖が始められておりました。

　明治期には海なし県の長野、群馬、岐阜県等、水田で鯉を養殖する水田養鯉もさかんにおこなわれるようになりましたが、ここではウナギ養殖のことを問題にしていますので省略します。海なし県での動物性たんぱく質確保の生活の知恵には学ぶべきものがあります。自然をたくみに利用して生活してきた先人の英知を学ぶことが大切です。

　安室知『水田漁撈の研究―稲作と漁撈の複合生業論』(慶友社、2005年) などは民俗学の分野からアプローチされたものですが、大変興味深い研究と思います。

(2) ウナギ養殖業のはじまり

　宮川曼魚「うなぎの話」『うなぎ』(全国淡水魚組合連合会、昭和29年)によりますと、嘉永元 (1846) 年の『江戸酒飯手引草』という本に、江戸には会席料理、即席料理あわせて246軒、茶漬見世22軒、どじょうと穴子屋12軒、鮨屋96軒、そば屋120軒とともにウナギ屋90軒の屋号と所在地が載っているようです。

　これをながめますと「江戸前御蒲焼」として知られたお店の所在が解ります。現存する老舗もいくつか見られます。江戸時代のウナギはもちろん天然ウナギが扱われていたものと思われますが、明治時代になりますと江戸前の名前がなくなり、「御蒲焼」となっています。ウナギの養殖業は明治になってから始められました。

日本のウナギ養殖業は明治12（1879）年に東京深川（現在の江東区）で服部倉治郎（倉次郎または倉二郎と表記する文献もあります）によって始められたといわれています。

　明治24（1891）年に原田仙右衛門が静岡県新居町（現在の湖西市）でウナギ養殖業を始め、明治29（1896）年には三重県桑名地方で寺田彦太郎、愛知県神野新田で奥村八三郎がウナギ養殖業を始めました。

　服部倉治郎は明治27（1894）年に愛知県が一色町（現在は西尾市）に愛知県水産試験場を設置する際にその場所の適否の判断を依頼されたため、現地へ赴く時に浜名湖沿岸地域をながめ、ここがウナギの養殖業にふさわしい地域であることを知り、一色町の調査の帰途に現地を詳しく確認したうえで、明治33（1900）年に浜名湖畔でウナギ養殖業を始めたのです。

　明治30（1897）年には愛知県一色町（現在の西尾市）で徳倉六兵衛がウナギ養殖業を始めています。

　明治31（1898）年に寺田彦太郎は静岡県福田町（現在の磐田市）でウナギ養殖を始めました。

　このように、この時期には浜名湖沿岸地域をはじめとする東海地域でウナギ養殖を試みる者がいましたが事業の成果は芳しいものではなかったようです。服部倉治郎がウナギ養殖業に成功したことによって、この地域のウナギ養殖業がさかんとなりました。

　服部倉治郎は養殖池の注水と排水に注意し、ウナギが酸素欠乏にならないように工夫するとともに、この地域で獲れる川エビやタニシ、アミなどを餌として利用し、とくにこの地域でさかんにおこなわれていた養蚕の副産物であるサナギを利用したことが成功の秘訣であったといわれています。

　ウナギの餌としてサナギの利用が見出されたことがこの地域でのウ

ナギ養殖業を有利なものとし、養蚕業の副産物としてのサナギを利用できたことは、廃棄物をリサイクルさせて新たな価値を生み出したこととなり、養蚕業とウナギ養殖業とを結合させ、資源循環利用による貢献でもあったのです。

　また、低湿地におけるウナギ養殖業は他の作物（とくに米作）に比較して高い収益をもたらす効果にもなったのです。

　明治33（1900）年に産業組合法が制定され、明治42（1909）年には遠江養魚組合が設立され、ウナギ養殖業者の組織的な対応が図られたことも地域産業としてのウナギ養殖業を発展させる役割を果たしたといえましょう。

　遠江養魚組合は餌料の共同購入と養殖ウナギの共同販売をおこなってウナギ養殖業者の結束を通してウナギ養殖業の発展を図ったのです。

3 大正期のウナギ養殖業―ウナギ養殖業の確立過程

(1) 養殖ウナギの生産量高まる

　大正期における天然ウナギの漁獲量は2,636トン〜5,883トンと大きな変化がみられますが、養殖されたウナギの生産量は532トン〜3,390トンと天然ウナギの増加率に比較してさらに高い増加率となっております。養殖ウナギの生産量比率をみますと、大正元年の16.1％から大正末年には42.8％となり、養殖の発展の大きさが示されています。しかしながら、絶対量でみますと、まだ天然ウナギの漁獲量がはるかに多く、この時期もまだ天然ウナギの資源は豊富であったことが指摘できます（図4）。天然ウナギの漁獲圧力も明治期に比較してかなり強

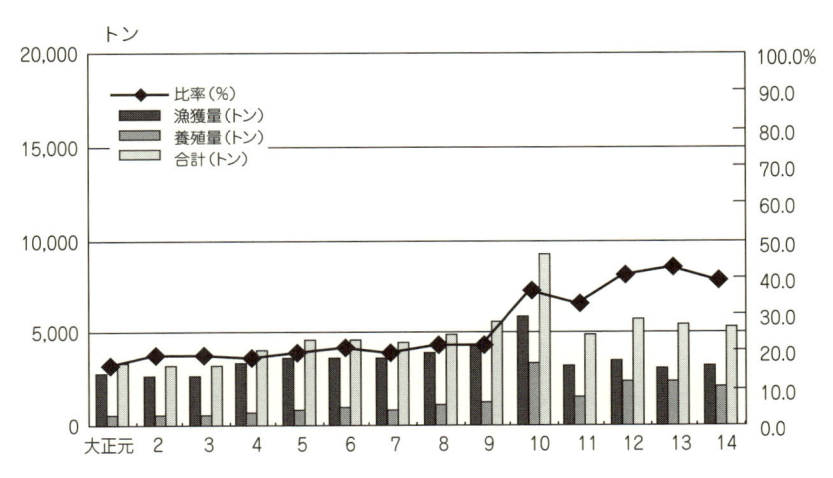

図4　大正期のウナギ養殖生産量とその比率

資料：農林省統計表より作成。

まっていることも注目すべきことでしょう。

（2）ウナギ養殖業の広がり

　大正8（1919）年に「開墾助成法」が公布され、耕地造成がさかんにおこなわれたため、造成に必要な土をとった跡地をウナギの養殖池として利用できることとなり、ウナギ養殖池の増加となりました。

　浜名湖沿岸地域では大正7（1918）年に328haであったウナギ養殖池は大正10（1921）年には418haに増加しました。大正10（1921）年には「公有水面埋立法」が公布され、埋め立ての免許を受け、その免許料の10分の3の免許料を支払えば埋立地に所有権を得ることが出来たのです。

　この法律の施行によって浜名湖を埋め立てるとともに、浜名湖を埋めたてて囲った部分をウナギ養殖池として利用することとなったのです。さらに、埋め立てに利用した土をとった跡地もウナギ養殖池として活用できるメリットがありました。

　大正期には経済の不況が深刻となり、米価が下落したため浜名湖周辺の低湿田の水稲生産力の低い水田をウナギ養殖池に転換する農民が多くなり、ウナギ養殖池は一層増加することとなりました。

　大正期の米の収益性を『静岡県特殊産業調査』（大正4年）によるウナギの収益性と比較してみますと、ウナギの収益性は10a当たり60円となっていますが、これに対して『静岡県産業調査書』（大正6年）によりますと、米の収益性は10a当たり自作上田10.7円、自作中田9.8円、自作下田9.2円となっています。

　このことによって、ウナギの収益性は米に比較してかなり高い収益が得られていたことが推定できます。したがって、この地域の農民は水田をウナギ養殖池に転換して所得の増加を図ろうとしたこともよく

解ります。

　このため浜名湖沿岸地域ばかりではなく、大正期には大井川下流地域においてもウナギ養殖業が発展しました。

　大井川下流東岸の旧大井川町（現：焼津市）では焼津の鰹節製造業者などが鰹節製造に用いた原料魚の廃棄物をウナギの餌料として利用するため大井川町の水田を借りて養殖池を築造してウナギ養殖業を発展させました。

　大井川西岸に位置する吉田町にウナギ養殖業が発展したのは大正末期のことですが、当地の地主であった久保田恭が1.4haの水田をウナギ養殖池に転換したのが始まりといわれています。

久保田恭の頌徳碑

　大正7（1918）年には大凶作となったために小作人は小作地を地主に返還したいと申し出るとともに、村内の青壮年の多くが近隣の漁業基地、焼津の漁船乗組員として働きに出る者が増加したため、小作地の返還が続出したのです。この対策として、水田をウナギ養殖池に転換することが進められ、ウナギ養殖業が発展したのです。

4　昭和戦前期のウナギ養殖業―ウナギ養殖業の成長過程

(1) ウナギ養殖業の分業システム

　昭和戦前期のウナギ漁獲量をみますと2,958トン～4,035トンで推移しています。一方養殖ウナギの生産量は第2次大戦直前の1,353トンを除けば、2,208トン～12,397トンと一層の増加がみられ、養殖ウナギの生産比率は41.8％～75.4％と大きな比率を占めるようになっています。

　昭和4（1928）年には、天然ウナギの漁獲量を養殖ウナギ生産量の比率が上回るようになり、養殖ウナギの生産がさかんになってきたことが示されています（**図5**）。

　昭和戦前期にウナギ養殖池が増加するにつれて、シラスウナギの需

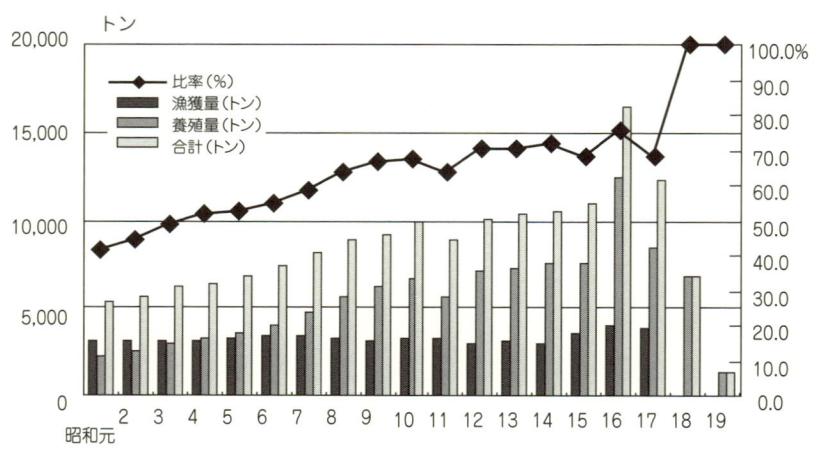

図5　昭和戦前期のウナギ養殖生産量とその比率

資料：農林省統計表より作成。昭和18～19年の漁獲量は不明。

要が拡大しシラスウナギの不足問題を発生させることとなりました。
　浜名湖沿岸地域では地元産および近隣産地の伊勢、三河などで賄なわれるシラスウナギだけでは大幅に不足するようになり、千葉、茨城、福島さらに山陽、四国、九州からも移入されるようになりました。
　それでも不足するようになったため、シラスウナギを当時の朝鮮、中国の上海、青島などからも求めなければなりませんでした。
　また、シラスウナギの放養時期も12月から翌年3月までの限られた期間のみではなく、養成途中に追加放養するようになり、養殖方式にも変化がみられるようになりました。
　このため、愛知県ではシラスウナギを保護する為に漁業取締規則によって許可制を導入することとなりました。続いて静岡県でも許可制を導入しました。静岡県では浜名湖地区に静岡県水産試験場浜名湖分場を設置してシラスウナギの養成試験に取り組み、成果を上げました。
　シラスウナギの養成技術が確立したため養中（シラスウナギを養成して大きなサイズになったウナギ）を利用して、養中から出発して養太養成（成品ウナギ）を行う養殖業者が増加しました。浜名湖地域ではシラスウナギから養中まで養成して出荷するタイプの養殖業者も多く、原料ウナギの供給拠点となりましたが、養中から養太養成まで養成する養太養成タイプの養殖業者も多くを占めるようになりました。
　すなわち、シラスウナギから養中、養中から養太までの養殖過程が2つのタイプによって行われる分業システムが成立したのです。これは、養殖経営の問題です。養殖池の所有が少なく養殖池の面積が小さい養殖業者は資金繰りを速める経営をおこなうことになります。養殖池の所有が多く、養殖池の所有面積の大きい養殖業者はシラスウナギから養中まで養成する資金回転の速い経営と、さらに養中から養太まで養成し、成品まで育てることによって資金回転は遅くなりますが、

出荷量を多くして収益を高めようとする経営を行うことが経営の成績を高めることになるからです。

　こうした分業システムの成立によって、大井川下流のウナギ養殖地域のウナギ養殖業者は、浜名湖沿岸地域から養中を購入して、養中から養太養成（成品ウナギ）までをおこなう養殖地域となりました。いわゆる地域分業システムによる産地の形成が進んだのです。

　しかし、この地域分業システムは戦後期になりますと、いずれの地域でもシラスウナギから養太養成をおこなう一貫養殖のタイプに代わってきました。シラスウナギが不足する不安定なもとでは、まずシラスウナギを確保し、これをいかに歩留まりよく最終成品まで仕上げることができるかが重要なノウハウとなるからです。このことによってシラスウナギの確保はより一層きびしい問題を抱えることとなりました。

（2）餌料供給圏の拡大

　他方では養殖池の増加にともなって餌料の使用量も増加しました。シラスウナギの餌付けにはエビ、雑魚、魚のアラ、貝類などを使用し、徐々にサナギの給与量を増加させてゆくのですが、サナギと鮮魚の混合比率が餌料給与のノウハウといわれてきました。

　生サナギは腐敗しやすいため輸送が困難であり、近隣地のサナギを利用するのが最も好ましいことでありました。サナギの需要量が増大するにつれて近隣地のみの供給量だけでは不足するようになり、遠隔地からも供給されることが必要となりました。

　生サナギをいったん水で洗ってから俵につめると遠距離の輸送にも比較的耐えられることが判明したため、生サナギの供給圏は拡大しました。

サナギは臭いが強いので一般貨物と一緒に輸送することは困難であり、別貸切貨物扱いとして輸送せざるを得ませんでした。乾燥サナギにすると生サナギに比較してウナギの生育が芳しくなく餌料効率も落ちるので生サナギの利用が多くを占めていました。

　ところが、生サナギが不足するようになったため、乾燥サナギを利用することも必要となりました。乾燥サナギと生サナギを混合して給与すればウナギの生育もよく、ウナギの味もよくなることが判明し、乾燥サナギが多く使われるようになってきました。

　昭和戦前期のウナギ養殖業はシラスウナギ養成の分業システムと生サナギを利用していた餌料に乾燥サナギを多く利用するようになり、さらに乾燥サナギに生イワシを混合した餌料を使うように変わってきました。

　このことによって、餌料供給圏が大幅に拡大しました。ウナギ養殖業は昭和4～5年の経済不況の影響を受けて一時的に停滞しましたが、すぐに回復に向かい順調に生産を伸ばしてきました。ところが、昭和10（1935）年ごろになると生産過剰の問題に直面するようになり、ウナギ養殖業者は話し合いによってウナギに餌をやらない餌止めによる生産調整にのりだしました。

　やがて、第2次大戦がはじまってからは、生活必需物資令による鮮魚介類配給統制規則の実施によってウナギ養殖業は休止され、養殖池は再び水田に転換されました。水田に転換できない条件の悪い養殖池は蓮田や荒廃田として放置されていました。

5 昭和戦後期（1）のウナギ養殖業
　—ウナギ養殖業の復興過程

（1）撹水車の普及

　昭和戦後期第1期のウナギ漁獲量は終戦直後の163トン〜471トンの少なさを除けば、昭和24（1949）年ごろから回復に向かい1,422トンから徐々に増加しており、昭和36（1961）年には2,871トンの漁獲量を記録しております。

　一方、養殖ウナギの生産量は、昭和25（1950）年ころまでは停滞していますが、昭和27（1952）年ころから回復し2,260トンから増加しはじめ、昭和35（1960）年には6,136トンとなっております。私がウ

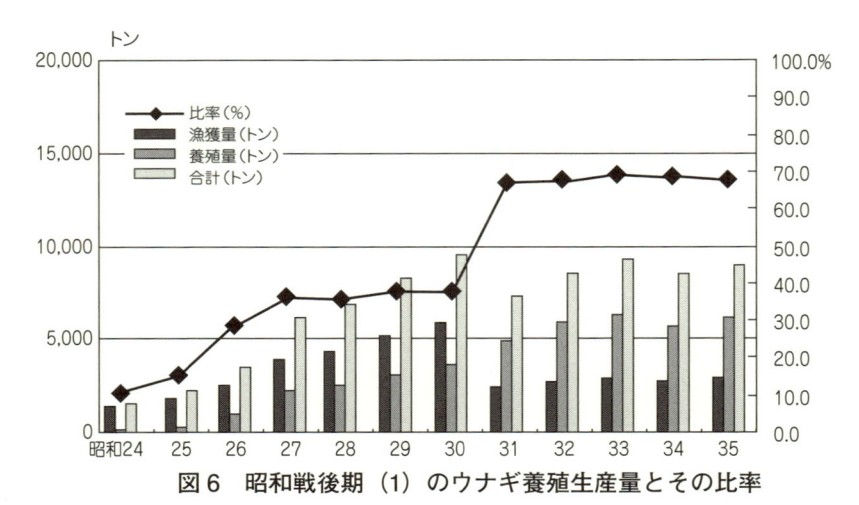

図6　昭和戦後期（1）のウナギ養殖生産量とその比率
資料：農林省統計表より作成。

ナギ釣りをしていたのはちょうどこのころでありましたから、まだ天然ウナギが相当に生息していたことが解ります。この後の高度経済成長期の環境悪化がウナギの生息環境に影響したものと推測されます（図６）。

昭和戦後期のウナギ養殖業については、３つの時期に分けてみました。

第１期は終戦直後から昭和35（1960）年までの復興過程、第２期は昭和36（1961）年から昭和47（1971）年までの拡大過程、第３期は昭和48（1972）年から昭和63（1989）年までの国際化過程です。時期区分は厳密に分けられるものではありませんが、ウナギ養殖業の変化をとらえるうえで、おおよその目安となるように考えたものです。

第２次大戦によって休止されたウナギ養殖業は、戦後になって再び回復に向かうようになりました。終戦直後は食料難時代をむかえ、経済は混乱し、きびしい統制時代となりましたがウナギは雑魚として扱われ、統制経済からはずされたため、貴重な食料として珍重されました。需要は急速に高まりウナギの価格は上昇しましたが、他方ではウナギ養殖業に必要な餌料が統制されていたため、ヤミ取引が横行し、ヤミで餌料を調達できた養殖業者は大きな利益を得ることが出来ました。しかし、大部分の零細な業者は資金を十分に確保することができなかったため、ウナギ養殖業を始められませんでした。

昭和24（1949）年に水産業協同組合法が施行されたため、浜名湖地域に浜名湖養魚漁協が設立されました。戦前期の浜名湖養魚購買販売利用組合を解散して新たな組合として発足したのですが、組合の発足によってウナギ養殖業の復興資金の融資を行うことが可能となり、零細なウナギ養殖業者の復興を促進する支援が出来るようになったのです。昭和30（1955）年には浜名湖沿岸地域のウナギ養殖池は341haに

回復し、静岡県全体の64％を占める高さでした。
　戦後復興期のウナギ養殖業に大きく寄与したのが水車の設置による水管理の技術開発です。水車は稲葉俊によって考案されたものですが、昭和27（1952）年頃から実用化され普及しました。「ウナギづくりは水づくり」といわれてきましたが、水量が十分に備わっているとともに水質がウナギの生育に適合していることが最も大切な条件です。
　水量は養殖密度に大きく関わり、水中の溶存酸素量が十分に備わっていなければなりません。溶存酸素量が不足するとウナギは酸素を求めて浮上します。これを「鼻上げ」とよんで最も警戒すべき現象です。電動水車によって水をかき混ぜることによって水中に酸素を送りこみウナギの鼻上げを防ぎウナギの生産力を高めることができるメリットがあります。
　夏の夜に風がやみ、水温が上昇し過ぎると溶存酸素が欠乏してウナギが酸欠を引き起こすことがひんぱんに起こります。ウナギ養殖業者は養殖池の隣りに簡易な管理小屋をつくり、ここで一睡もしないで水の変化とウナギの泳ぐ様子に注意を払わなければなりませんでした。酸欠がひどくなればウナギは死亡してしまうので大きな損失を被ることとなるからです。水量が豊富にあればウナギの収容力を高め、水管理さえ順調におこなえばウナギの生産量を増加させることができるのですが、ウナギの生産量を増加させようとしてウナギの収容量を増やし過ぎると過密養殖となってウナギの生育を阻害するマイナスとなるリスクを負っています。ウナギの体力が弱まれば病気にかかりやすくなり、最悪の場合にはウナギを死亡させてしまうことになります。
　こうしたことから、ウナギ養殖業にあたっては、水利条件を十分に満たすことのできる地域がウナギ養殖産地として形成されてきたのです。

とくに、今日、日本一のウナギ養殖産地を形成している愛知県西尾市（旧一色町）は昭和40（1965）年代に矢作川からウナギ養殖業のための専用用水を設置したことによって、ウナギ養殖業の発展を促す水利条件を確保したことが重要な発展要因となりました。良質のウナギを生産できる条件は早くから水利条件を整えてきたことによるものといえましょう。

（2）配合飼料の開発

戦前期の主要な飼料として使われたサナギは養蚕業の衰退によってほとんど利用できなくなり、戦後はもっぱら鮮魚が主要な飼料として利用されました。

昭和25（1950）年には臨時物資需給調整法の制定によって鮮魚の統制が解除されることとなり、イワシ、サンマなどがウナギ養殖の飼料として利用されるようになりました。鮮魚は腐敗しやすく扱いが困難であったため、次第に冷凍魚の利用が増加するようになりました。組合は飼料としての冷凍魚を共同購入し組合員に供給することが重要な業務となりました。冷凍魚の種類も増加し、イワシ、サンマの他にホッケ、サバ、アジ、コオナゴ、さらにカツオ、マグロのアラなどが利用されるようになりました。生魚や冷凍魚の給餌は水質の変化を引き起こすため飼料の給与と水質の管理は重要な養殖技術でした。

東秀雄（東海区水産研究所：現在は水産総合研究センター）らによって、配合飼料の開発が進められ、昭和40（1965）年ころから実用化されるようになりました。

水車の導入による水質管理の改善とともに配合飼料の開発が進められたことによって、生魚から配合飼料への転換が進んだことは重要な技術革新でありました。

人工配合餌料のメリットは生魚の給与に比較して調餌・給餌・後かたづけの作業時間を大幅に短縮するとともに取扱いが衛生的であり水管理も容易と増重倍率を高めるなどの効果をもたらすこととなったのです。しかし、餌料費のウエイトを高め、餌料の過剰投与をまねきやすく過密養殖を引き起こすデメリットともなりました。

　昭和44（1969）年ころに病気ウナギが大量に発生し、その要因は、人工配合餌料の過剰投与が引き金となったといわれています。また、養殖密度を高めたことが、シラスウナギの需要を増加させ、シラスウナギの不漁とが重なってシラスウナギの不足問題を深刻にした要因ともいわれています。

　この結果、養殖ウナギの生産コストは種苗費と餌料費をあわせて70〜80％を占めるようになり、大きなコストアップ要因となり、ウナギ養殖業の経営に重大な影響を及ぼすこととなりました。

6 昭和戦後期（2）のウナギ養殖業
―ウナギ養殖業の拡大期

（1）新興養殖産地の台頭

　昭和戦後期第2期の動きをみますと、天然ウナギの漁獲量は昭和36（1961）年の3,387トンから、毎年減少しながら推移しています。昭和47（1972）年には2,418トンの漁獲量となりました。天然ウナギが減少する一方で養殖ウナギの生産量は増加し、昭和36（1961）年の8,105トンから昭和43（1968）年には23,640トンと大幅な増加となりました。しかし、その後は病鰻の大量発生やシラスウナギの不足問題などによって生産量は減少に転じ、昭和47（1972）年には13,355トンの生産量となりました。養殖比率は70.5％〜88.3％となり、ほぼ養殖ウナギ

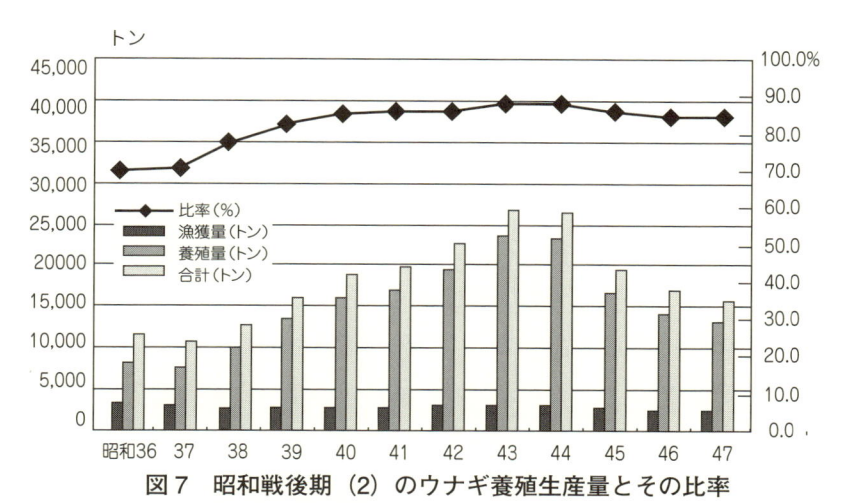

図7　昭和戦後期（2）のウナギ養殖生産量とその比率
資料：農林省および農林水産省統計表より作成。

が大部分をしめる状況となってきたことを示しています（図7）。

　日本が戦後復興から高度経済成長期をむかえる頃、国民所得の向上によってウナギ養殖業も急速に拡大しました。この拡大はこれまでの主要なウナギ養殖産地であった静岡、愛知、三重の東海三県にとどまるばかりではなく、四国の徳島県、高知県、九州の鹿児島、宮崎、さらに台湾、中国へと海外にまで産地が拡大しました。

　この拡大の要因はウナギ養殖業に必要なシラスウナギの獲得をめぐる産地の移動でした。シラスウナギの不足問題は昭和戦前期にも発生し、ウナギを「国家管理にすべし」（松井魁）との提案も出されましたが、その実現はなりませんでした。シラスウナギを都道府県知事の許可による採捕とする許可制度を導入した資源管理がおこなわれております。

　しかし、ウナギ養殖池の拡大が進むにつれて、シラスウナギの需要はますます拡大するとともに、シラスウナギの採捕量が連年減少する問題に直面するようになり、シラスウナギの需給ギャップが広がりました。

　そのため、シラスウナギの価格をいちじるしく高騰させ、シラスウナギの獲得をめぐってウナギ養殖業者はきびしい対応をせまられることとなったのです。これまで、シラスウナギを採捕して静岡や愛知にそのまま出荷していた徳島や高知、鹿児島、宮崎の採捕地域ではシラスウナギのままで出荷するよりは自ら成品ウナギにまで養殖することが有利になることを見出しました。低湿地の水田をウナギ養殖池に切り替えた新しいウナギ養殖産地が形成されることとなったのです。

　新しいウナギ養殖産地の形成要因はシラスウナギの連年不漁と価格の高騰が最も大きな要因でありましたが、地域によってはさまざまな要因がありました。

愛知県西尾市（旧一色町）では、明治30（1897）年に徳倉六兵衛が水田を転換してウナギ養殖業を始めたのが最初といわれています。愛知県でも養蚕業がさかんで、副産物のサナギが餌料として利用されました。

この地域は明治時代からノリの養殖が発展したため、水田（夏期）とノリ養殖（冬期）を組み合わせた経営を続けてきましたのでウナギ養殖業の発展はずっと後になりました。昭和34（1959）年にこの地方を襲った伊勢湾台風が低湿地の水田に壊滅的な被害を及ぼし、その転換対策としてウナギ養殖への転換が進んだのです。

当初はウナギ養殖の技術水準が低く、シラスウナギを養中の大きさまで育成して、浜名湖地域や豊橋の先進地域へ出荷していましたが、やがて、昭和50（1975）年ころからシラスウナギを養太（成品ウナギ）まで養成する一貫養成するタイプに移行しました。この地域は現在日本一のウナギ養殖地域となっています。

徳島県吉野川下流地域の松茂町では、昭和35（1960）年ころレンコンを栽培していた農家が腐敗病に悩まされるようになり、この転換対策としてウナギ養殖業を始めました。松茂町の水田面積は約360haでしたが、水稲の生産性は低く10a当たり251kg程度にしかすぎませんでした。この低生産性は昭和21（1946）年の南海地震によって地盤が沈下し高潮の被害を受けやすく塩害が発生するためでした。

このため、稲作に代わる作物としてレンコン、甘藷などが栽培されていました。旧吉野川や今切川でシラスウナギが漁獲されるためシラスウナギを養中まで養成して先進地の静岡に出荷することになりました。昭和35年（1960年）ころから静岡県のウナギ養殖が発展しておりシラスウナギが大幅に不足する問題を抱えるようになっていました。養中を原料として使うようになり養中の需要が拡大していました。

静岡県の業者に1kg当たり3,000円くらいで買われていましたが、実際の価格はそれをはるかに上回る取引が行われていました。松茂町の農民は組織的な対応の必要性を知り全国でもめずらしい農協養鰻部を発足させることとなりました。昭和41（1966）年には24経営体、24haでしたが、昭和47（1972）年には96経営体、70haに増加しました。このころのウナギの収益性を他の農作物と比較しますと水稲のおよそ25〜27倍の高さとなっています。

しかし、やがてシラスウナギから養中まで養成する養中養殖方式は、シラスウナギから養太ウナギまで養殖する一貫養殖方式に移行するようになり、このことが要因となってウナギ養殖業は縮小の方向に転換することになりました。

一貫養殖をおこなうためには、設備投資の資金が必要になり生産期間も長く資金の回転も遅くなり、多額の費用が必要となるのです。とくにシラスウナギの価格と餌料の価格が上昇し生産コストを引き上げたことがウナギ養殖業の資金繰りを悪化させました。また、台湾や中国で養殖されたウナギが輸入されるようになり、日本のウナギ養殖業者が採算ベースにのせることが難しくなりました。経営のリスクも大きく、急速に発展したウナギ養殖業でありましたが、産地は縮小再編を迫られることとなり、今日ではウナギ養殖業が衰退し、ウナギ養殖池は住宅地や工場用内などに転換され農協養鰻部も解散してしまいました。

徳島県では昭和45（1970）年ころから南部の那賀川下流地域にもウナギ養殖業が広がりました。この地域もシラスウナギが獲れ、水田をウナギ養殖池に転換してウナギ養殖が普及しました。ちょうどお米の生産過剰問題が発生する時期と重なり、減反政策から転作へと稲作転換政策が進められたため、農家は水田を養殖池に転換し、稲作に代わ

るものとしてウナギを選択したのです。台風等の災害を受けやすい地域であり、米よりも収益性の高いウナギ養殖業は生産コストがかかりリスキーな選択ではありましたが、新たな転換作物となりました。

しかし、やがて設備投資の過剰問題やシラスウナギの価格高騰、生産コストの上昇などから採算ベースに乗せることができず、産地は縮小再編の方向に転じました。

(2) 加温式ハウス利用の養殖

高知県高知市（旧三里町）はハウスによる野菜園芸が盛んな地域ですが、野菜温室を利用したウナギ養殖がおこなわれました。温室により室内の温度を高めればシラスウナギの生残率（歩留率）を高めることができるうえ、ウナギの生育速度を速めることのできるメリットを発見したのです。

このため、シラスウナギの収容量を多くしてウナギの生産量を多くしようとして集約的なウナギ養殖がおこなわれました。循環ろ過式による水量調節と水質の管理に留意して単位当たりの生産量を高めれば、設備投資費用やオイルを使用するランニングコストなど、生産コストが高くついても出荷量でカバーできるため、この地域での温室養鰻がさかんとなりました。

しかし、やがてこの地域においてもシラスウナギやオイル価格の高騰によって生産コストが上昇するうえ、集約的養殖のためウナギの病気を発生させるロスなども大きくなったうえ、台湾や中国のウナギ養殖の発展による輸入ウナギとの競合にさらされ、やがて、縮小再編に移行せざるを得なくなり、高知におけるウナギ養殖産地も大きく後退することとなりました。

こうした新興ウナギ養殖産地は、急速に発展しましたが、また急速

に産地を縮小させてきたことも大きな特徴です。とくに徳島県松茂町や高知県三里町の縮小はウナギ養殖業の難しさをよくあらわしているといえましょう。

　また、この時期には企業養鰻がブームとなりました。昭和45（1970）年ころから企業がウナギ養殖にのりだすようになりました。経済の高度成長が進み国民の所得水準も向上し、冷蔵庫などの普及によって生活構造も大きく変化した時期にあたり、これまでのぜいたく品でありましたウナギの需要も拡大し有望な消費財として企業がウナギ養殖に投資したものと思われます。

　昭和45（1970）年に明治製菓（小田原）ほか3社、昭和47（1972）年に高信水産（信越化学、高知）など9社、48（1973）年に敦賀養鰻（日本鉱業と鐘淵化学の合同、福井）、日本農産工業（宮崎）、サントリー（鹿児島）など12社がウナギ養殖にのりだしました。国内ばかりではなく海外に進出する企業もありました。昭和46（1971）年に九州産業（韓国）、昭和47（1972）年に昭和電工（フィリピン）、昭和48（1973）年九州化学（韓国）などがみられました。

　これらの企業は設備投資のノウハウを活用して進出するとともに、国内での採捕が少なくなりつつありましたシラスウナギの確保も大きなねらいであったと思われます。しかし、国内・国外のウナギ養殖に進出したこれらの企業は数年で業績不振に陥り撤退することになりました。ウナギ養殖のノウハウ（水管理、餌料効率、生残率、病気の発生など）が企業的経営に合わなかったためと推測されます。投資の回収に見合わなかったことだと思われます。

　こうした、縮小するウナギ養殖産地がある一方で、存続している産地もあります。鹿児島県大隅半島のウナギ養殖産地はいまや日本で最もウナギの生産量が多い産地となっています。鹿児島県のウナギ養殖

産地は大隅地区と川内地区の2か所にみられますが、とくに大隅地区の発展が特徴的と思われます。

大隅半島でウナギ養殖が始められたのは昭和40（1965）年ころです。大隅半島の沿岸部にもシラスウナギが接岸するので、これを採捕してやはり先進地の静岡県に出荷していました。

シラスウナギの需給ギャップによってシラスウナギの価格が高騰してきましたので、これをそのまま出荷するのではなく、成品ウナギにまで養殖して出荷すればより大きな経済的メリットになると考えてウナギ養殖業が始められることとなったのです。温暖な気候であり、地下水にも恵まれていたことがウナギ養殖を始める上で有利な条件でした。

稲作の転換政策が始められた時期であったため、稲作農家が水田をウナギ養殖池に転換することが容易に進められました。稲作の減反政策にあわせて地域資源を有効に活用してウナギ養殖が導入されたことになります。さつまいも生産地域であったため澱粉不況も重なって澱粉製造施設をウナギ養殖池に転換する業者もでてきてウナギ養殖業への転換が急速に進められたのです。

昭和47（1972）年には大隅地区養まん漁業協同組合が設立され、シラスウナギの共同販売あっせん事業や成品ウナギの組織的な共同販売事業が展開しました。この組合活動で注目されることは加工ウナギの生産に力点をおいて遠隔産地としての不利な立地条件をカバーしようとしていることです。

昭和50（1975）年に内水面総合振興対策事業の助成を得て、加工場を建設し年間150トンの加工ウナギを生産し、スーパーマーケットや生協を中心に販売力を強化したのです。食生活構造の変化（スーパーマーケット、電子レンジの普及やコンビニエンスストアーの拡大など）

によって、販路が広がり、年間350トンの稼働実績をあげるまでに発展したのです。

　豊富な水量と水質の優れた水利条件のもとで生産される品質の優れたウナギが評判をよび、平成元（1989）年には、養殖主産地整備事業の助成を受けて加工場の拡充を行なっています。真空包装機、スパイラル型急速冷凍機などを備え、エアーシャワー、薬浴槽、移動手洗い、オゾン殺菌等の最新鋭の設備を整え、従業員の健康管理およびチェックの徹底を図り、年間1,000トンの生産規模になっています。細菌検査、残留医薬品検査（自主検査）もおこなって消費者への信頼確保にも努めています。加工原料は大隅地区以外のものを使用しないこととして、大隅ブランドのウナギにこだわるようにしています。

　ウナギ養殖業は厳しい制約条件のもとで縮小再編が進んでいますが、大隅地区のウナギ養殖業のように、良質で安心・安全なウナギの生産に努め産地を持続させている事例もみられます。日本の伝統食品であるウナギの供給を絶やさないためにも産地もきめ細かい生産対応が期待されるところです。

7　昭和戦後期（3）のウナギ養殖業
　　―ウナギ養殖業の国際化過程

（1）台湾のウナギ養殖業

　ウナギ養殖の産地は静岡、愛知、三重の東海三県の先進産地での生産比率が低下し四国、九州の新興産地の生産比率が高まりましたが、やがて国内産地の移動ばかりではなく、台湾、中国に新たなウナギ養殖産地が形成され、わが国に大きな影響をおよぼすこととなりました。

　昭和43（1968）年ころに日本のシラスウナギが連年不漁に陥り、日本は台湾からシラスウナギを輸入することとなりました。それまでも台湾でシラスウナギの漁獲は見られたのですが、台湾ではウナギを消費していないため、ウナギ養殖が発展しませんでした。シラスウナギ

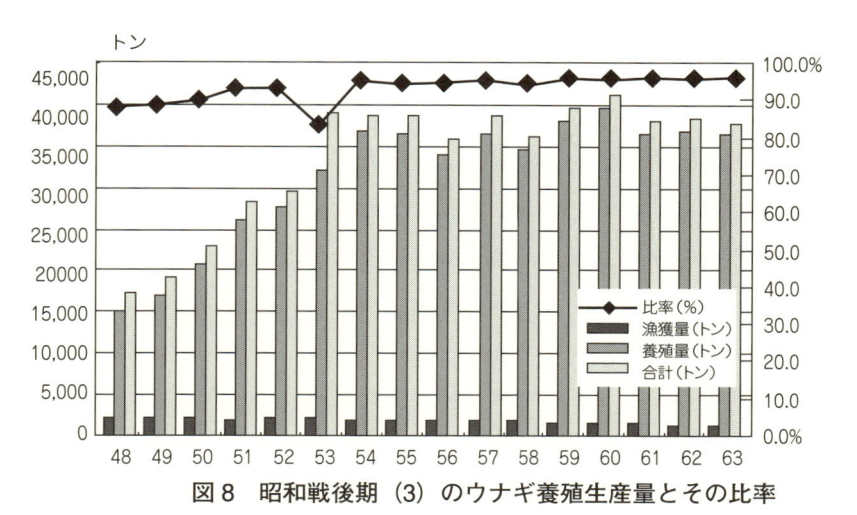

図8　昭和戦後期（3）のウナギ養殖生産量とその比率

資料：農林水産省『漁業・養殖業生産統計年報』により作成。

ウナギ養殖池（台湾）

はほとんど利用価値がありませんでした。

　ところが、日本への輸出がはじまると価格は急速に跳ね上がり、シラスウナギブームを巻き起こしました。シラスウナギを求めて日本から多くの業者が台湾を訪問するようになり、その中には全くウナギのことを知らない素人もまぎれていたといわれています。

　やがて台湾でもシラスウナギのまま出荷するよりは成品ウナギにまで養成して出荷することが有利ということに気付き、急速にウナギ養殖池の拡大が進みました。このため、シラスウナギの需要が急速に高まり台湾でも不足する状況となりました。

　台湾ではシラスウナギの輸出を禁止する措置をとりました。逆に日本からシラスウナギを輸入して成品ウナギに養殖して再輸出することを奨励しました。そこで、日本では貿易管理令によって台湾へのシラスウナギの輸出を禁止しました。こうして、台湾と日本は相互にシラスウナギの貿易を禁止することとなったのです。台湾は常に24℃前後の水温を保ちウナギ養殖には最も適する条件を備えていることが日本に比較して優位な条件となりました。温室を使う必要もないため、オイルを使うこともありません。

　そのため日本よりも低位なコストで生産できるのです。日本は昭和47（1972）年に日中国交回復によって台湾との国交を断絶することになりました。ウナギ貿易の国家間の調整はなく、民間外交のみにゆだねられることとなっております。

台湾のウナギ輸入が増大するにつれて、わが国のウナギ養殖は大きな影響を受け、産地は縮小へと転じました。

（2）中国のウナギ養殖業

　また、やがて台湾でも中国のウナギ養殖の台頭によって大きな影響を受けるようになりました。中国におけるウナギ養殖の産地は、浙江省、江蘇省、福建省、広東省などが養殖の主産地ですが、中国のウナギ養殖は広大な土地と豊富な水利および労働賃金の低位性などによって、生産コストをおさえる比較優位性をもち、日本への輸出を拡大してきました。

　しかし、ウナギ養殖の拡大につれて、シラスウナギが不足するようになり、フランスなどからヨーロッパウナギを輸入して養殖するようになり、ヨーロッパウナギの資源までも枯渇させてしまった問題を抱えることとなりました。フランスではヨーロッパウナギを保護する為にワシントン条約による規制を強め、フランスからの輸出は許可制となり、中国でのヨーロッパウナギの輸入は厳しく規制されることとなりました。

　したがって、中国におけるウナギ養殖は日本種シラスウナギの確保が優先されることとなり、日本との競合は一層強まる恐れがあります。そうなればシラスウナギの獲得を巡っての価格競争が激しくなり、さらなるシラスウナギ獲得競争が激化し、日本のウナギ養殖の縮小が懸念されます。

8　平成期のウナギ養殖業
―ウナギ養殖業の縮小再編過程

（1）ウナギ輸入の増加と国内産地の対応

　平成年代になると日本のウナギ養殖はシラスウナギのさらなる不漁と台湾、中国からの輸入ウナギとの価格競争の激化などにより、縮小再編のきびしい局面を迎えることとなりました。最も大きな影響はシラスウナギの不足と価格の高騰です（図9）。
　シラスウナギの採捕が少なく価格が高騰したためシラスウナギの池入れが出来なくなり、休廃業のやむなきに至るウナギ養殖業者が増加しました。ウナギ養殖業の先進地であった静岡県のウナギ養殖産地は

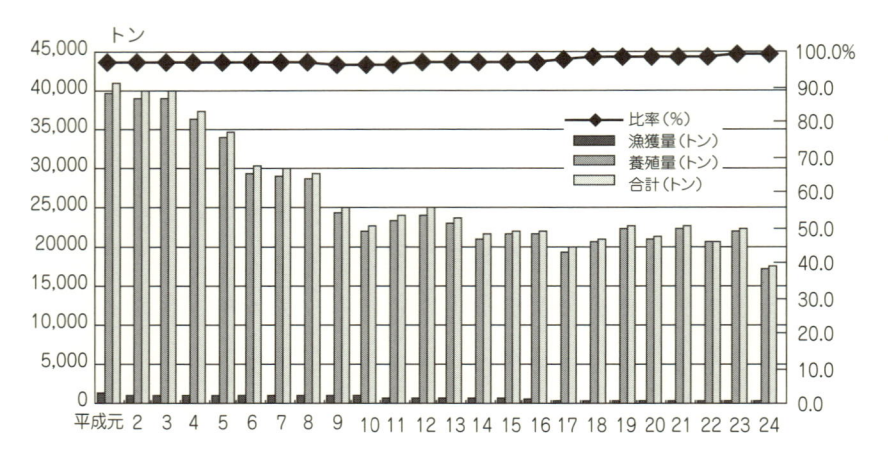

図9　平成期のウナギ養殖生産量とその比率
資料：農林水産省『漁業・養殖業生産統計年報』により作成。

表2　養鰻業経営体数

(単位：経営体)

県名	平成9 1997	平成10 1998	平成11 1999	平成12 2000	平成13 2001	平成14 2002	平成15 2003	平成16 2004	平成17 2005	平成20 2008
静岡	117	101	97	84	77	66	62	61	58	52
愛知	223	206	206	203	193	166	162	150	141	170
三重	20	16	13	14	11	9	8	8	8	8
徳島	51	50	54	47	41	38	39	38	34	27
高知	44	37	36	35	27	20	17	19	17	20
宮崎	47	43	44	41	38	39	38	38	38	39
鹿児島	81	76	71	62	59	51	50	49	47	47
その他	68	100	90	108	97	92	91	82	79	81
全国	651	629	611	594	543	481	467	445	422	444

資料：農林水産統計、漁業センサス。
経営体数の調査は農林水産統計では、平成18年で廃止されましたが、漁業センサス（5年に1回実施）では、調査が実施されました。

大きく後退しました。

　シラスウナギの価格高騰は著しく平成9（1997）年には100万円/kgをこえる超高値となり、シラスウナギの不足はますます深刻となりました。台湾でもシラスウナギが不足しているため日本から密輸出される事件も発生し、摘発されているような状況です。

　こうしたことから先進地ではシラスウナギを買い入れることができず休業・廃業のやむなきにいたる養殖業者が増加するようになり、ウナギ養殖経営体数は大幅に減少しています（表2）。

　この結果、平成20（2008）年には静岡県の養殖ウナギ生産量は、1,632トンで全国のわずか7.8％をしめるにすぎない位置まで低下しました。ウナギ養殖漁協は浜名湖養魚漁協を残して、中遠養鰻漁協、丸榛吉田うなぎ漁協、大井川養殖漁協、焼津養鰻漁協などの4漁協は合併し、静岡うなぎ漁協として再編成されました。

　日本で消費されるウナギの多くは中国から輸入されたウナギによって賄われていますが、消費者の多くは国産ウナギを求めています。

　平成14（2002）年に中国から輸入された活ウナギから日本の「食品衛生法」で認められていない有機水銀を含んだ薬品が使われている問

題が発生し一時的に日本への輸入禁止措置がとられました。平成15（2003）年には中国産加工ウナギから合成抗菌エンロクサシンが検出されました。

　平成17（2005）年には中国産活ウナギから合成抗菌剤マラカイトグリーンが検出されるなど、輸入ウナギの安全性が問題となりました。このため、日本政府は平成18（2006）年5月から残留農薬のポジティブリスト制度の実施に踏切りました。これまでは、「ネガティブリスト制」がとられていたために残留農薬基準が設定されていない場合には、農薬が残留していたとしても規制に踏み切ることができませんでした。「ポジティブリスト制」に踏み切ったことによって、残留農薬の基準値が設定されていなかった農薬についても新たに暫定基準を設置し、それ以外のものについてもすべての残留基準値を0.001ppmの一律基準を適用することにしたのです。

　このことによって、食品の安全性の確保がより厳密に強化されることとなりました。しかし、これで、問題がすべて解決されたわけではなく、輸入食品の検査をどのように厳格におこなうかの検査体制の問題があります。

　一般的に輸入食品が検査される比率は10％内外程度といわれています。いわゆる抜き打ちのサンプル調査が行われているのです。輸入食品のすべてを検査することは時間的にも経費的にも困難なことです。この現実は輸入食品の安全性の監視体制が完全に行われているとは認めがたいのです。

　とくに、日本への輸入食品の安全性問題がしばしばとりあげられている状況を考えれば、検査体制の厳格さをより一層強化することが求められます。

　「食品衛生法」や「農林物資の規格化及び品質表示に適正化に関す

表3　ウナギ産地偽装事件の発生

年月	偽装表示
2002年2月	台湾産ウナギを鹿児島産と表示
2004年1月	台湾産を国内産と表示
11月	中国産を国内産と表示
2005年3月	中国産を三河産と表示
2007年12月	台湾産、鹿児島産を熊本産と表示
12月	台湾産を鹿児島産と表示
2008年1月	中国産、台湾産を表示せず
2月	※中国産、台湾産を国産と表示
6月	※台湾に輸出したウナギを日本に再輸入し国産と表示
6月	※中国産を愛知県三河一色産と表示
7月	※中国産を四万十産と表示
8月	※愛媛産ウナギ表示の愛媛産以外のウナギが混合
11月	※台湾産を徳島県産と表示
2009年6月	※中国産を鹿児島産と表示
2010年6月	※台湾産、中国産を愛知県産と表示

※は不正競争防止法による刑事罰・罰金を示す。
資料：各種新聞報道により作成。

る法律」いわゆるJAS法などに基づいて、品質表示義務が定められており、これらの規制措置を厳守することが当面の重要な対応策といえます。

　輸入食品をしばしば国産品と偽って流通させる事件が摘発されていますが、このような行為は重大な犯罪行為となります。台湾産の輸入ウナギを鹿児島産や国産と偽って販売し不当な利益を得た事例や、中国産の輸入ウナギを三河一色産や四万十川産ウナギまたは鹿児島産などと偽って販売して摘発された事例などがテレビや新聞で報道されています。

　このような産地偽装事件が摘発されている場合にはJAS法によって厳重注意や改善指示が命令されますが、偽装行為の重大性から「不正競争防止法」に基づいて罰金や刑事罰が課されています（**表3**）。

　平成19（2007）年までの摘発事件はJAS法違反の改善指示命令とさ

れることが多かったのですが、平成20（2008）年以後にはJAS法による改善指示命令とともに、「不正競争防止法」による罰金とともに刑事罰までが課され、厳しい処分となっています。食品の安全性を厳守し、不正な取引行為をなくすためには厳格な処分が必要です。社会的な影響が大きい重大性を国民は認識すべきだと思います。

　こうした望ましくない摘発事件が発生している一方で、ウナギ養殖産地は消費者の信用を得て、産地の存続を図ろうとさまざまな対応策を考えています。

　愛知県一色町は昭和58（1983）年から市町村単位でみたときに、日本一の産地になっていますが、養鰻専用水を用いた豊富な水量と養殖管理技術の徹底を図ることによって品質の優れたウナギを生産して市場の信用を得ている産地といえましょう。

　後継者を中心に「ウナギ研究会」を組織して相互に情報を交換しているうえ、研修会を実施して養殖技術の研鑽に努めていることも産地ブランドを獲得するのに有効な活動といえましょう。

　一色産のウナギと偽装されることは、社会的には犯罪行為ですが、一色産の名前を使われたことは裏返してみれば一色産が品質の優れた産地として認証されているためともみられます。一色町では三河一色うなぎ漁業協同組合を中心に「一色産ウナギブランド協議会」を組織してウナギの生育条件の情報を確実に把握できるトレーサビリティシステムを導入して「産地認証マーク」をつける地域商標を取得しております。品質検査、安全検査の徹底を図り、「一色ウナギ」としての価値を求めてゆくことにしています。

　静岡県浜名湖のウナギ養殖産地は、歴史的にも日本の代表的なウナギ養殖産地でネームバリューは今も衰えてはいませんが、ウナギ経営体、養殖池、生産量ともに大きく後退しています。

しかし、古くからのウナギの産地ですから蒲焼を専門とする店も浜松市内には多く、地元産のウナギを使ったウナギの蒲焼が顧客をひきよせています。

したがって、浜松ウナギは依然として地域の特産物として存続させることが重要です。地元のウナギにこだわった地域の伝統産業としての地域振興がはかられるべきだと思われます。浜名湖養魚漁協は会員制による加工ウナギの通信販売なども行って販売量を拡大してきましたが、養殖池の減少によって生産量も落ち込んでいますので、需要を拡大するのも限界があるものと思われます。

供給量に見合った確実な良質ウナギの生産にこだわってこれまでの長い伝統に培われた顧客の信用を守ることが求められると思います。「ウナギといえば浜松、浜松といえばウナギ」の関係はウナギ食文化のためにも絶やしてはいけないものと思われます。浜名湖養魚漁協でも安全・安心を求める消費者にこたえるために、トレーサビリティシステムを導入し、誰が生産したウナギかをすぐに識別できる安全・安心対策がとられています。

（2）国内産地の活路と方向

こうした伝統産地の生産量の比率は新興産地の台頭によって縮小傾向にありますが、宮崎、鹿児島のウナギ養殖産地の比率が高まり、産地の立地移動が見られます（表4）。

宮崎では、宮崎市近郊の佐土原町、新富町がウナギ養殖の産地を形成していますが、これらの産地も地域ブランドをねらいとした安全で良質なウナギの生産に努め、販売の拡大を図っています。

宮崎県ではNPO法人「セーフティー・ライフ＆リバー」が宮崎産ウナギ適正養殖規範（平成20（2008）年7月制定）を定め、第三者機

表4 ウナギ養殖産地の生産量構成比変化（%）

		1992	2002	2012
東海	静岡	14.4	9.2	9.3
	愛知	34.2	28.7	23.7
	三重	3.9	1.3	1.8
	小計	52.5	38.2	34.8
四国	高知	5.6	2.1	1.9
	徳島	4.4	1.5	1.7
	小計	10.0	3.6	3.6
九州	鹿児島	22.5	38.9	41.3
	宮崎	8.1	13.4	17.9
	小計	30.6	52.3	59.2
	合計	100.0	100.0	100.0

資料：農林水産省「漁業・養殖業生産統計年報」により作成。

関として公平・公正な立場から宮崎ウナギの安全性を確保することをねらいとしています。適正養殖規範（GAP：Good Aquaculture Practice）とは、養殖業者が自ら生産過程で想定されるさまざまなリスク管理の方策を定めて点検し、記録・評価することによって改善点を見つけ出し、よりよいウナギを生産してゆこうとする管理手法のことです。この規範に参加する養殖業者は消費者への義務と責任を果たすために参加者をあらかじめ公表することとされています。

さらに、最低でも1年に一度はNPO法人の監査表に基づくチェックを受けなければなりません。こうした産地の統一ルールをきちんと守ることによって養殖ウナギの安全と安心を確保し地域ブランドとしての消費者の信用を得ようと努めているのです。

養殖ウナギの安全・安心の問題は重要な課題ですが、この費用負担をどうするのかを考えられなければなりません。生産者の費用負担は重くのしかかりますが、生産者ばかりの負担ではウナギ養殖業の存続が図れるかどうかが問題です。流通業者や消費者も費用負担に協力で

きる体制が可能であれば、ウナギ養殖業の存続を図る上で好ましい方向になるものと思われます。ウナギの食文化を持続させる新たなシステム作りが求められます。

　ウナギの完全養殖への技術開発は大幅に進展し、人工ふ化された２代目の親うなぎから採卵することに成功したとはいえ、シラスウナギになるまでの生残率は極めて低く、シラスウナギの量産化技術の開発の実用化への道はまだはっきりしていません。完全養殖によるシラスウナギの確保が進み、ウナギ養殖の安定的な生産が確立し、

魚藍観音（毎年ウナギの供養祭をおこなう）

ウナギ養殖が実現すれば新たな時代を迎えることになりますが、その日がいつになるかはいまのところだれも知らないのです。

　私たちが子どものころには、ウナギが良く釣れました。ウナギ釣りは子どもたちの楽しみでありました。それから半世紀が過ぎて生活は確かに豊かになりましたが、かけがえのない自然を改変し、自然環境を変化させてしまったため、野性的な自然環境の下でたくましく生きる力を学ぶ機会を失わせてしまったことは大きな損失です。

　いまこそ将来をみこした自然環境と共生できる場づくりが必要であり、それが望ましい姿であろうと思われます。人々の努力によってウナギが再び川に蘇り、自然環境が豊かで沢山のウナギが釣れるウナギ復活の日が訪れることが待望されます。

まとめ—ウナギ養殖業の課題と展望

　ウナギ養殖業の歴史は人間と自然との関係を深く考えさせる歴史でもあります。江戸時代中ごろにはウナギの蒲焼きが知られるようになり、蒲焼きを専門とする店も増えてきましたが、ウナギはすべてが天然ウナギでした。江戸時代に創業し今日もなお続いている老舗の専門店もいくつかみられ、伝統の味を守っていますが、ウナギはほとんどが養殖ウナギに代わっているものとみられます。

　老舗の蒲焼き専門店では天然ウナギを扱い、それを売りにしている店もありますが、ごく限られた老舗にすぎません。日本で養殖されたウナギではなく台湾、中国から輸入されたウナギを扱っているウナギ専門店も多いものと思われます。

　それらの店ではニホンウナギではなくヨーロッパウナギが使われているのかも知れません。とくに、中国ではフランスからヨーロッパウナギのシラスウナギを輸入して成品に育て、それを日本に輸出している量もかなり多いものとみられます。

　あるいは、スーパーマーケットで売られている蒲焼きの中国産ウナギはヨーロッパウナギなのかも知れません。

　フランスなどをはじめとするヨーロッパウナギの資源も枯渇していますので、EU諸国ではヨーロッパウナギを絶滅危惧種に指定して輸出をきびしく規制する措置をとることとなりました。

　中国ではヨーロッパウナギの輸入が厳しく規制されるためシラスウナギの不足がさけられないものと予測されます。中国のウナギ養殖が縮小すれば、わが国へのウナギ供給量が大幅にダウンし、需要を賄えなくなる恐れがあります。

日本では国内のシラスウナギの採捕が連続して少なくなり、シラスウナギの価格は白いダイヤとも呼ばれるほどです。こうなれば養殖ウナギの生産が縮小することになり、ウナギ価格の上昇は避けられないでしょう。天然ウナギの漁獲量は極めて少なくなり、平成25（2013）年には日本でも絶滅危惧種に指定されました。本書によって明治時代から今日に至る天然ウナギの漁獲量を年次ごとに比較して眺めてみれば、明らかに漁獲量の縮小が理解できると思います。

福岡柳川のウナギ供養碑と文学碑

　ウナギ養殖業はシラスウナギの連続不漁によって縮小再編期にありますが、これまでウナギの生活史が全く解明されないままに手探りでウナギの人工ふ化を行ってきました。

　しかし、平成21（2009）年に西マリアナ海嶺南端水域でニホンウナギの受精卵が31個採集され、ウナギの産卵場所が特定されました。この発見によって、ウナギの稚魚がどのような餌をとって育つのかを解明する手掛かりが得られるようになり、これまでの手探りの技術開発から、手掛かりの得られる技術開発へと大きな前進となる道筋が整えられることとなりました。

　平成22（2010）年には水産総合研究センター増養殖研究所が人工ふ化により育てられた2代目の親から卵を採取し、人工ふ化してシラス

ウナギまで育てるのに成功しています。シラスウナギの量産化の技術開発が大きく前進すれば、近い将来に人工ふ化によってシラスウナギを確保することができることとなり、シラスウナギの不足によるウナギ養殖の不安定性を解消し、ウナギ養殖の新たな時代を迎えることになるものと考えられます。

　シラスウナギの量産化技術開発とともに、人工ふ化によるシラスウナギのコストがどれくらいかかるか、シラスウナギの生残率をいかに高めることができるか、まだまだ多くの難問が横たわっています。この難問の解決がいつになるかは予測できませんが、大きな期待がもたれます。これと同時に、自然と人間との共生も重要な問題であり、天然ウナギの生息できる環境を保全し、かつて沢山のウナギが獲れたように、ウナギの資源が回復し持続できる河川の環境を整備し、保全することもウナギの恩恵に浴してきた日本人の大きな責任でしょう。人工ふ化によるウナギの資源増殖とともに、自然生態系の修復による天然ウナギの資源回復を図ることが望ましい未来の方向だと思います。

参考文献

1. 相曽保二（1998）：浜名湖うなぎの今昔物語、日本図書刊行会。
2. 有路昌彦・石井元・田坂行男・多田稔（2003）：急増する輸入ウナギと国内業界の対応、水産振興、472号、東京水産振興会。
3. 稲葉俊（1964）：養鰻の実際、緑書房。
4. 飯塚三哉（1967）：ウナギ　最新養殖法、農山漁村文化協会。
5. 井口徹治（2007）：ウナギ　地球環境を語る魚、岩波書店。
6. 大島康雄・稲葉伝三郎監修（1971）：養魚講座第7巻、ウナギ、緑書房。
7. 大上晧久（1973）：新しい養鰻、養魚タイムズ社。
8. 大塚秀雄（1996）：鰻養殖業の経済学、農林統計協会。
9. 海部健三（2013）：わたしのウナギ研究、さ・え・ら書房
10. 黒木真理・塚本勝己（2011）旅するウナギ、東海大学出版会。
11. 黒木真理編著（2012）：ウナギ博物誌、化学同人。
12. 佐郷卿一（1926）：実験　養鰻法、博文館。
13. 静岡県養鰻協会（1990）：養鰻業経営実態養殖技術調査報告書。
14. 静岡新聞社（2005）：どうまい静岡うなぎ、静岡新聞社。
15. 全国淡水魚組合連合会（1953）：うなぎ、全国淡水魚組合連合会。
16. 塚本勝己（2012）：世界で一番詳しいウナギの話、飛鳥新社。
17. 廣瀬慶二（2001）：うなぎを増やす、成山堂書店。
18. 古林英一（1992）：養鰻業経営調査事業報告書、南九州大学。
19. 松井魁（1961）：随筆　うなぎの旅、実業之日本社。
20. 松井魁（1964）：養鰻法の理論と実際、日本水産資源保護協会。
21. 松井魁（1971）：うなぎの本、丸の内出版。
22. 松井魁（1972）：鰻学（生物学的研究篇）、恒星社厚生閣。
23. 松井魁（1972）：鰻学（養成技術篇）、恒星社厚生閣。
24. 増井好男（1981）：養殖ウナギの生産と流通、水産振興166号、東京水産振興会。
25. 増井好男（1999）：内水面養殖業の地域分析、農林統計協会。
26. 虫明敬一編（2012）：うなぎ　謎の生物、築地書館。
27. 山本喜一郎（1980）：ウナギの誕生　人工ふ化への道、北海道大学出版会。
28. 養鰻研究協議会（1979）：ヨーロッパウナギの養殖、日本水産資源保護協会。
29. 養鰻八十年史編集委員会（2013）：吉田地域養鰻八十年史、丸榛吉田うなぎ漁業協同組合。
30. リチャード・シュヴァイド、梶山あゆみ訳（2005）：ウナギのふしぎ、日本経済新聞社。
31. Bernard Gousset (1992): *Eel Culture in Japan*, Musée Océanographique.

資料1　ウナギ養殖業の歴史年表

年次	項目
明治12（1879）	服部倉治郎、東京深川でウナギ養殖業をはじめる。
明治24（1891）	原田仙右衛門、静岡県浜名郡新居町（現：湖西市）でウナギ養殖業をはじめる。
明治29（1896）	寺田彦太郎、三重県桑名地方でウナギ養殖業をはじめる。 奥村八三郎、愛知県豊橋の神野新田でウナギ養殖業をはじめる。
明治30（1897）	服部倉治郎、静岡県浜名郡舞阪町（現：浜松市）でウナギ養殖業をはじめる。 徳倉六兵衛、愛知県幡豆郡一色町（現：西尾市）でウナギ養殖業をはじめる。
明治31（1898）	寺田彦太郎、静岡県磐田郡福田町（現：磐田市）でウナギ養殖業をはじめる。
大正8（1919）	開墾助成法公布。耕地造成の跡地をウナギ養殖池として利用。
大正10（1921）	公有水面埋立法公布。埋立地と埋め立て跡地がウナギ養殖池として利用された。
大正11（1922）	川尻養魚組合設立。
大正14（1925）	久保田恭　静岡県榛原郡吉田町でウナギ養殖業をはじめる。
大正15（1926）	榛原魚田組合設立。
昭和4（1928）	榛原魚田購買販売利用組合設立。
昭和8（1933）	東京水産大学吉田実習所（元：東京海洋大学吉田ステーション）設置。
昭和17〜20（1942〜45）	戦争のため休止。
昭和24（1949）	浜名湖養魚漁業協同組合設立。 榛原養殖漁業協同組合設立。
昭和25（1950）	豊橋養鰻漁業協同組合設立。 中遠養鰻漁業協同組合設立。
昭和27（1952）	水車の利用が普及する。
昭和37（1962）	西三河養殖漁業協同組合設立。 大井川養殖漁業協同組合設立。 焼津養鰻漁業協同組合設立。
昭和38（1963）	徳島県板野郡松茂町農協養鰻部設置。
昭和39（1964）	シラスウナギ不足となり台湾、韓国、中国より輸入。 配合飼料発売はじまる。
昭和40（1965）	日本養鰻漁業協同組合連合会設立。
昭和44（1969）	シラスウナギが不足となりヨーロッパウナギのシラスウナギを輸入。
昭和46（1971）	病名不明の病気が大発生（後にエラ腎炎と名づけられた）。 高知県淡水養殖漁業協同組合設立。 温室ハウス養殖の普及はじまる。
昭和47（1972）	丸榛吉田うなぎ漁業協同組合設立（榛原養殖漁協と吉田うなぎ漁協の合併）。 大隅地区養まん漁業協同組合設立。 オイルショックによりウナギ養殖経営を圧迫。
昭和48（1973）	北海道大学でウナギの人工ふ化に成功（世界初）。
昭和51（1976）	貿易管理令発令。シラスウナギ（13g以下）輸出禁止。
昭和52（1977）	日本鰻輸入組合設立。

昭和 54（1979）	第2次オイルショックがウナギ養殖を圧迫。
昭和 58（1983）	愛知県が養殖ウナギ生産量日本一となる。
平成元（1989）	養殖ウナギ生産量 39,704 トンで過去最高となる。
平成 3（1991）	東京大学海洋研究所　マリアナ海域西方でレプトセファレスを採取。
平成 7（1995）	いらご研究所設立。東洋水産、日清製粉などの出資による民間のウナギ等の研究機関。
平成 9（1997）	シラスウナギの価格が高騰。
平成 11（1999）	シラスウナギの池入れ量（中国、台湾、日本で 136 トン）多く生産過剰となりウナギ相場下落（1,000 円/kg）。
平成 12（2000）	中国、台湾から 13 万トンのウナギを輸入。日本の供給と合わせて 16 万トン。過去最高。 日鰻連が日本政府にウナギのセーフガード発動を要請（調査したが発動しなかった）。
平成 14（2002）	ウナギ養殖経営体縮小。500 経営体を下まわる。 ウナギ産地偽装事件が発生（台湾産を鹿児島産と偽装）。以後偽装事件が連続して発生。 「農林物資の規格化及び品質表示の適正化に関する法律」（JAS 法）が改正され、加工品の原料原産地表示が義務化された。
平成 15（2003）	独立行政法人水産総合センター　シラスウナギの人工ふ化、シラスウナギの育成に成功（世界初）。
平成 15（2003）	全国養鰻漁業協同組合連合会設立（主として九州地区の養殖組合が加入している）。
平成 17（2005）	養殖ウナギ生産量　2 万トンを下回る。
平成 18（2006）	東京大学海洋研究所　ニホンウナギの産卵場所をマリアナ諸島西方と特定。 輸入ウナギにポジティブリスト制を導入。地域団体商標登録制を導入。一色うなぎが登録された。
平成 19（2007）	ヨーロッパウナギの取引がワシントン条約の規制対象とされる。 台湾がシラスウナギ 13g 以下の輸出を禁止する。（11 月 1 日〜翌 3 月 31 日） 愛知県一色町がトレーサビリティ制度を導入（産地履歴を番号で追跡できるシステム）。以後各産地でトレーサビリティシステムを導入。
平成 20（2008）	静岡うなぎ漁業協同組合設立（焼津養鰻漁協、大井川養殖漁協、丸榛吉田うなぎ漁協、中遠養鰻漁協が合併）。 水産庁、水産総合研究センターが日本ウナギの成熟個体を採捕（世界初）。
平成 21（2009）	ワシントン条約によりヨーロッパウナギの輸出規制はじまる。 東京大学大気海洋研究所、水産総合研究センターがニホンウナギの受精卵 31 個体採取。 プレレプトセファレスを数 100 個体採取。
平成 22（2010）	水産総合研究センターは人工ふ化させたウナギから卵をとり、さらに人工ふ化させて 2 代目の卵をとり、完全養殖に成功（世界初）。
平成 23（2011）	シラスウナギ 3 年連続の不漁。池入れは過去最低。
平成 24（2012）	生産量、輸入量の減少。成品ウナギの価格は高騰。5,000 円/kg 過去最高値。
平成 25（2013）	環境省がニホンウナギを絶滅危惧種（1B リスト）に指定。

資料：日本養鰻漁業協同組合連合会の資料に加筆。

資料2　ウナギ漁獲量と養殖ウナギの生産量および養殖比率

	漁獲量（トン）	養殖量（トン）	合計（トン）	養殖比率（％）
明治32	2,610	22	2,632	0.8
33	3,840	131	3,971	3.2
34	1,841	90	1,931	4.6
35	1,522	112	1,634	6.8
36	1,620	48	1,668	2.8
37	1,811	120	1,931	6.2
38	3,045	112	3,157	3.5
39	2,546	341	2,887	11.8
40	2,418	367	2,785	13.1
41	2,306	438	2,744	15.9
42	2,535	468	3,003	15.5
43	2,722	555	3,277	16.9
44	2,812	521	3,333	15.6
大正元	2,760	532	3,292	16.1
2	2,636	611	3,247	18.8
3	2,636	615	3,251	18.9
4	3,315	731	4,046	18.0
5	3,693	907	4,600	19.7
6	3,656	967	4,623	20.9
7	3,585	877	4,462	19.6
8	3,892	1,061	4,954	21.4
9	4,312	1,215	5,527	21.9
10	5,883	3,390	9,273	36.5
11	3,258	1,571	4,829	32.5
12	3,427	2,366	5,793	40.8
13	3,127	2,340	5,467	42.8
14	3,240	2,062	5,302	38.8
昭和元	3,097	2,208	5,305	41.6
2	3,105	2,501	5,606	44.6
3	3,172	3,003	6,175	48.6
4	3,041	3,288	6,329	51.9
5	3,217	3,600	6,817	52.8
6	3,345	4,031	7,376	54.6
7	3,371	4,721	8,092	58.3
8	3,251	5,658	8,909	63.5
9	3,097	6,161	9,258	66.5
10	3,258	6,641	9,899	67.0
11	3,221	5,670	8,891	63.7

ウナギ養殖業の歴史　61

	漁獲量（トン）	養殖量（トン）	合計（トン）	養殖比率（％）
12	3,015	7,091	10,106	70.1
13	3,112	7,308	10,420	70.1
14	2,958	7,627	10,585	71.2
15	3,483	7,545	11,028	68.4
16	4,035	12,397	16,432	75.4
17	3,915	8,441	12,356	68.3
18	?	6,761	?	?
19	?	1,353	?	?
20	?	471	?	?
21	?	150	?	?
22	?	129	?	?
23	?	163	?	?
24	1,422	170	1,592	10.6
25	1,832	339	2,171	15.6
26	2,464	1,005	3,469	28.9
27	3,935	2,260	6,195	36.4
28	4,373	2,459	6,832	35.9
29	5,110	3,139	8,249	38.0
30	5,932	3,642	9,574	38.0
31	2,438	4,902	7,340	66.8
32	2,743	5,688	8,431	67.5
33	2,801	6,276	9,077	69.1
34	2,694	5,663	8,357	67.8
35	2,871	6,136	9,007	68.1
36	3,387	8,105	11,492	70.5
37	3,084	7,572	10,656	71.0
38	2,690	9,918	12,608	78.6
39	2,776	13,418	16,194	82.8
40	2,803	16,017	18,820	85.1
41	2,826	17,015	19,841	85.7
42	3,162	19,605	22,767	86.1
43	3,124	23,640	26,764	88.3
44	3,194	23,276	26,470	87.9
45	2,726	16,730	19,456	85.9
46	2,624	14,233	16,857	84.4
47	2,418	13,355	15,773	84.6
48	2,107	15,247	17,354	87.8
49	2,033	17,077	19,110	89.4
50	2,202	20,749	22,951	90.4

	漁獲量（トン）	養殖量（トン）	合計（トン）	養殖比率（％）
51	2,040	26,251	28,291	92.7
52	2,102	27,630	29,732	92.9
53	2,068	32,106	34,174	93.9
54	1,923	36,781	38,704	95.0
55	1,936	36,618	38,554	94.9
56	1,920	33,984	35,904	94.6
57	1,927	36,642	38,569	95.0
58	1,818	34,489	36,307	95.0
59	1,574	38,030	39,604	96.0
60	1,528	39,568	41,096	96.3
61	1,505	36,520	38,025	96.0
62	1,413	36,994	38,407	96.3
63	1,334	39,558	38,288	96.5
平成元	1,271	39,704	40,975	96.9
2	1,128	38,855	39,483	97.1
3	1,080	39,013	40,093	97.3
4	1,092	36,299	37,391	97.0
5	970	33,860	34,830	97.2
6	949	29,431	30,380	96.8
7	899	29,131	30,030	97.0
8	901	28,595	29,496	96.9
9	860	24,171	25,031	96.5
10	860	21,971	22,831	96.2
11	817	23,211	24,028	96.5
12	765	24,118	24,883	96.9
13	677	23,123	23,800	97.2
14	610	21,112	21,722	97.1
15	589	21,526	22,115	97.3
16	489	21,540	22,029	97.8
17	484	19,495	19,979	97.5
18	302	20,583	20,885	98.5
19	289	22,241	22,530	98.7
20	270	20,952	21,222	98.7
21	263	22,406	22,669	98.8
22	245	20,543	20,788	98.8
23	229	22,006	22,235	99.0
24	169	17,377	17,546	99.0

資料：農商務省統計、農林省統計表、農林水産省統計表、農林水産省『漁業・養殖業生産統計年報』により作成。

著者略歴

増井好男（ますい　よしお）

[略歴]
1941年静岡県生まれ。東京農業大学農学部農業経済学科卒業。
同大学助手、講師、助教授、教授を経て名誉教授。現在にいたる。
博士（農業経済学）

[主要著書]
『日本水産業概論（中文）』（西北農林科技大学出版会、2010年、編著）
『食料危機とアメリカ農業の選択』（家の光協会、2010年、分担執筆）

筑波書房ブックレット　暮らしのなかの食と農　54

ウナギ養殖業の歴史

2013年10月7日　第1版第1刷発行

著　者　　増井好男
発行者　　鶴見治彦
発行所　　筑波書房
　　　　　東京都新宿区神楽坂2－19 銀鈴会館
　　　　　〒162－0825
　　　　　電話03（3267）8599
　　　　　郵便振替00150－3－39715
　　　　　http://www.tsukuba-shobo.co.jp

定価は表紙に表示してあります

印刷／製本　平河工業社
©Yoshio Masui 2013 Printed in Japan
ISBN978-4-8119-0426-9 C0036